World Architecture

Vol.9

East Asia

第 9 卷

东 亚

总 主 编：【美】K.弗兰姆普敦
副总主编：张钦楠
本卷主编：关肇邺、吴耀东

20 世纪
世界建筑精品
1000 件

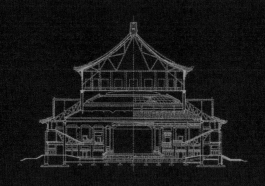

生活·讀書·新知 三联书店

20 世纪世界建筑精品 1000 件
（1900—1999）

总主编：K. 弗兰姆普敦
副总主编：张钦楠

顾问委员会

萨拉·托佩尔森·德·格林堡，国际建筑师协会前主席

瓦西里·司戈泰斯，国际建筑师协会主席

叶如棠，中国建筑学会理事长

周干峙，中国建设部顾问、中国科学院院士

吴良镛，清华大学教授、中国科学院院士

周谊，中国出版协会科技出版委员会主任

刘慈慰，中国建筑工业出版社社长

编辑委员会

主任：K. 弗兰姆普敦，美国哥伦比亚大学教授

副主任：张钦楠，中国建筑学会副理事长

常务委员

J. 格鲁斯堡，阿根廷国家美术馆馆长

长岛孝一，日本建筑师、作家

刘开济，中国建筑学会副理事长

罗小未，同济大学教授

王伯扬，中国建筑工业出版社副总编辑

W. 王，德国建筑博物馆馆长

张祖刚，《建筑学报》主编

米亚格玛（蒙古）

章明（中国）

周凝粹（中国）

翻译

吴耀东（日译中，英译中）

汤纪敏（英译中）

潘宜勇，朴英玉（韩译中）

目 录

 IIIIIIIIIII *1900—1919*

1980—1999

总导言

总主编

K. 弗兰姆普敦

分区与提名的方法

难以想象有比试图对20世纪整个时期内遍布全球的建筑创作做一次批判性的剖析更为不明智的事了。这一看似胆大妄为之举，并不由于我们把世界切成十个巨大而多彩的地域——每个地域各占大片陆地，在社会、经济和技术发展的时间表和政治历史上各不相同——而稍为减轻。

可以证明，此项看似堂吉诃德式之举实为有理的一个因素是中华人民共和国的崛起。作为一个快速现代化的国家，多种迹象表明它不久将成为世界最大的后工业社会。这种崛起促使中国的出版机构为配合国际建筑师协会（UIA）于1999年6月在北京举行20世纪最后一次大会而宣布此项出版计划。

尽管此项百年评介之举的背后有着多种动机，做出编辑一套世界规模的精品集锦的决定可能最终出自两个因素：一是感到有必要把中国投入世界范围关于建筑学未来的辩论之中；二是以20世纪初外国建筑师来到上海为开端，经历了一个世纪多种多样又反反复复的折中主

K. 弗兰姆普敦
（Kenneth Frampton）

美国哥伦比亚大学建筑、规划、文物保护研究生院的威尔讲座教授。他是许多著名建筑理论的开创者和历史性著作的作者，其著作包括：*Modern Architecture: A Critical History* (London: Thames and Hudson, 1980, 1985, 1992, 2007)和 *Studies in Tectonic Culture: The Poetics of Construction in Nineteenth and Twentieth Century Architecture*, edited by John Cava(Cambridge: MIT Press, 1995, 1996, 2001) 等。

义之后，中国有重新振兴自己建筑文化的愿望。

在把世界划分为十个洲级地域后，我们的方法是为每一地域选择100项均衡分布在20世纪的典范建筑。原本的目标是每20年选20项，每一地域选100项重要作品，全球整个世纪选1000项。然而，由于在20世纪头25年内各国的现代化进程不同，在有的情况下需要把前20年的份额让出一半左右给后来的80年，从而承认当"现代时期"逐步降临时世界各地技术经济发展初始速度的差异。

十个洲级地域的划分如下：1.北美（加拿大和美国），2.中、南美（拉丁美洲），3.北欧、中欧、东欧（除地中海地区和俄罗斯以外的欧洲），4.环地中海地区，5.中东、近东，6.中、南非洲，7.俄罗斯–苏联–独联体，8.南亚（印度、巴基斯坦、孟加拉国等），9.东亚（中国、日本、朝鲜、韩国等），10.东南亚和大洋洲（包括澳大利亚、新西兰、塔斯马尼亚和其他太平洋岛屿）。

这一划分一旦取得一致，接下来就是为每一卷确定一位主编，其任务是监督建筑作品选择过程并撰写一篇综合评论，对本地区的建筑设计做一综述。这篇综合评论的目的除了作为对本地区建筑文化演变的总览之外，还期望对在评选过程中由于意见不同、疏忽或偶然原因而难以避免的失衡做些补救。评选由每卷聘请的五名至九名评论员进行，他们是建筑评论家或历史学家，每人提名100项典范作品，由主编进行综合后最后通过投票确定。

我个人的贡献可以视为在更广泛的范围内对这种人为的地理分割和其他由于这一程序所必然产生的问题

进行补救。然而，在进一步论述之前，我必须说一下在总的现代化过程中出现的有争议的现代建筑和似传统建筑之间的区别。后者承认现代化，但主张以某种措施考虑文化延续性和抵抗性，因此被视为"反动的"。这样，人们会发现各卷之间选择的项目在性质和组成上有甚大的不同，不论是在设计思想上，还是在表达时代的技术和社会特征方面。

在这传统和创新的演示之外，另一个波动是更难解释的同一时间和地点发生的不同建筑表达模式，它们不仅在强度上不同，而且作为一种文化势力或运动的存在时间也大相径庭。为了说明这种变化，我们可以芝加哥的草原风格为例。它从1871年的大火到1915年赖特设计的米德韦花园（Midway Gardens），是连续发展的，但其后这一地方性运动就失去了其劲头和方向；与此相反的是南加州家居发展的长得多的轨迹，它从1910年I. 吉尔设计的道奇住宅开始，到60年代洛杉矶的最后一座案例研究住宅为止，佳作延绵不断。同样，我们可以提到德国在1905年至1933年间特别丰产的时期，以及芬兰、捷克斯洛伐克同一时期的状况，其发展一直延续到第二次世界大战之前。人们也可注意到：这两个国家对激进现代建筑的培育离不开国家作为进步现代力量的概念。类似的意识形态上的民族文化轨迹在斯堪的纳维亚国家和荷兰的特定时期也可看到。

我们还可以看到与结构工程学相关的文化如何因时因地变化，在某个国家其技术潜力和优雅可塑达到特别高超的程度，而另一国家尽管掌握其普遍原理，却逊色甚多。于是，在1918年至1939年间的法国、瑞士、意大利、捷克斯洛伐克和西班牙可见到真正出色的结构工程文化，尤其是在钢筋混凝土领域，而英美国家在同一时期内却只有最实用主义的构筑形式。在英国，唯一的例外是工程师 E. O. 威廉斯的工厂建筑和丹麦流亡工程师 O. 阿鲁普的作品。在美国，混凝土领域的例外案例是巨大的水坝，特别是在田纳西河流域管理局以及在科罗拉多建造的巨石坝。

当然，在世界范围内，技术经济发展的速度是大为不同的，至今，还有前工业文化，乃至前农业、游牧、部落文化以这样那样的方式生存下来。同时，有组织的建筑产业连同建筑师职业实践在许多国家仅仅是第二次世界大战以后的事。这种前建筑师的建造文化，B. 鲁道夫斯基在他1963年出版的书中用了"没有建筑师的建筑"这一标题。今日在所谓"第三世界"中却出现了扭曲的反响，这里的许多大城市周围出现了自发移民的集合，自占的土地，没有足够的基础设施，也就是无水、无电、无污水处理等为人类密集居住场所保证健康生存所必需之物。对此，我们得承认一个严峻的事实，这就是即使在像美国这样的发达国家，每年建造量不足20%的部分才是由职业建筑师所设计的。

本卷主编
关肇邺
吴耀东

综合评论

20世纪的东亚建筑

—

20世纪世界建筑的发展演变充满革命性且丰富多彩。长期以来，欧美建筑在20世纪世界建筑的舞台上唱着重头戏，其形成有着深层的内在原因。大量的世界建筑史书，基本上可以说是以欧美建筑的发展为主线的历史。20世纪欧美建筑的发展从新建筑产生的萌芽期开始，历经初期现代主义、现代主义、后现代主义、解构主义等多种思潮和运动的荡涤与洗礼，其中每一阶段都对东亚建筑有着不同程度的冲击和影响。回首20世纪世界建筑发展的时候，我们同时也把关注点放在了与主流的欧美建筑同时并存的东亚建筑上。

研究东亚建筑，存在几种不同的背景和视点：首先是在整个世界建筑的背景和框架内对东亚建筑进行研究；其次是立足于东亚地区来研究东亚建筑；再次是立足于东亚内的不同国家和地区来研究东亚建筑。本书的原始资料基本来源于东亚各地的学者对本土建筑的研究成果，通过编辑整理，试图把东亚建筑的整体发展脉络

关肇邺

清华大学建筑学院教授。1929年10月出生于北京，1952年毕业于清华大学建筑系，并在清华大学建筑系执教。1981年至1982年在美国麻省理工学院建筑系做访问学者。长期从事建筑教育、建筑设计创作和理论研究工作，完成的设计有清华大学图书馆、北京大学图书馆。1995年当选为中国工程院院士。

吴耀东

清华大学教授。1965年生，河北省
邯郸市人。1987年毕业于清华大
学建筑系。1992年至1995年，在
日本东京大学留学，1995年获清华
大学工学博士学位。建筑设计研究
院副院长。

已发表学术论文40余篇，专著有《战
后日本现代建筑发展史》《日本现
代建筑》。

曾参与了十余项工程的建筑设计及
方案竞赛，其中包括清华大学技术
科学楼、云南省自然博物馆、中国
国家大剧院等。

呈现出来，展示出20世纪世界建筑发展的多样性、地域性和丰富性，同时补足和完善20世纪世界建筑的整体发展面貌。

二

　　东亚在地理位置上处在亚洲东部，包含了中国（包括台湾、香港、澳门），以及日本、朝鲜、韩国和蒙古等国家和地区。在近代以前，东亚各国可以说都处在中国文化圈的影响之下；近代以来，特别是从19世纪中叶开始，在与西方外来文化碰撞中，有的脱开中国文化圈而向西方文化圈靠拢，有的则处在自我探索的路途中。不管怎样，有一点是共同的，那就是20世纪的东亚各国都面临着本土文化与外来文化的碰撞。这种碰撞从对抗、对立，到接受并多元共存，不同的国家和地区有着不同的经历和时间表，而本土意识的觉醒是近年来东亚各国普遍呈现出的现象，即所谓结合本国或本地区的实际情况来探索适合自己的建筑道路。

　　20世纪世界的动荡变化是史无前例的，"二战"后的世界被划分为美国及苏联支配下的两大阵营，开始进入"冷战"时代。东亚建筑也伴随着世界格局的变化发展出美国建筑和苏联建筑两个阵营——日本、韩国及中国的香港、澳门、台湾等归属到美国建筑的旗帜下，中国大陆、朝鲜、蒙古等则处在苏联建筑的影响之中。东亚各国从美国及苏联建筑的影响下脱离开来虽存在着一定的时间差，但从20世纪东亚建筑的发展来看，其建筑现代化的历史可以说是在本土性与国际性之间摸索其表现的历史，充满着民族化与现代化的冲突。这样，探寻本土文化与现代建筑的结合点成为东亚各国普遍关注的课题。

20世纪东亚各国建筑的发展其实也存在着很大的不平衡，以至于当今所呈现出的建筑面貌也是十分多样的。日本归属在发达国家行列，尽管其建筑的发展也曾长期存在着本土化与现代化的碰撞，但"西方化"或曰"现代化"是其主流，也正是"西方化"推动着日本现代建筑的潮流不断向前发展。接下来是韩国以及中国的香港、澳门和台湾，它们正处在"发达"与"发展中"之间（韩国于2005年后也迈入发达国家行列——编注）。而中国大陆、朝鲜和蒙古则处在发展中国家的行列。这种经济与建筑发展的交互运作是客观存在的，并对建筑的发展产生着深刻的影响。

三

日本在东亚现代建筑的发展上是走在前面的，从东亚现代建筑整体发展来看，有一系列相关历史事实令人回味：1964年丹下健三在日本设计完成东京代代木奥林匹克综合体育馆，1988年金寿根在韩国设计完成汉城奥林匹克体育馆，1990年马国馨在中国设计完成国家奥林匹克体育中心。金寿根和马国馨都曾在丹下健三处研修，作品中也反映出受丹下健三影响的痕迹。这说明东亚各国在接受日本现代建筑的影响上是显在的，各自的发展历程既相关又不相同。

日本在明治维新后的近十年间，在"富国强兵、殖产兴业"的口号下，雇用了大批西洋人来从事当时日本尚无经验的官营工厂、铁路和兵营等的建设。1877年前后，正规建筑从工厂转向了政府建筑，以英国建筑师康德尔（Josiah Conder，1852—1920年）为首的又一批受过西方建筑正统训练的西洋建筑师成为被雇用的对象，并在西洋古典主义的教育体制下培养出了第一代日本建筑师。这一批建筑师随之开始活跃，支撑起了日本建筑界。20世纪初，西方现代建筑新思想涌动，马上便波及了日本。从1915年开始，受西方直接影响的日本的表现派、后期表现派、风格派、包豪斯派、柯布西耶派纷纷登场，大批日本年轻建筑师更是直接跑到西方现代主义的大本营拜师求教，随即便把学到的东西带回日本。这些人中，可以举出出身于赖特门下的远藤新、土浦龟城，出身于包豪斯的山口文象、山胁严，出身于柯布西耶门下的前川国男、坂仓准三和吉阪隆正等人。这种储备为"二战"后日本现代建筑的发展打下了牢固的基础。因之，日本战后首先是柯布西耶派异军突起，还有连绵不断的后备大军：丹下健三、槙文彦、矶崎新、黑川纪章等。战前的后期表现派也不示弱，以村野藤吾、今井兼次、白井晟一、内井昭藏等建筑师为代表继续活动。20世纪80年代以来，当代日本建筑事务所呈现出的多彩面貌更使得日本成为影响世界建筑潮流的重要发祥地之一，涌现出安藤忠雄、谷口吉生、伊东丰雄、长谷川逸子、妹岛和世等一大批优秀建筑师。20世纪日本建筑的发展，从"二战"前作为西方建筑支流的阶段，发展到与西方建筑流派合流，进而展现出自身特色，反过来对东亚乃至世界建筑的发展产生影响。

中国的情况则有很大不同，我们无法在西方现代建筑的研究体系内对中国建筑的发展进行度量，从中国自身出发来研究中国应该是最为合适的。近代中国自《南京条约》开始五口通商，比1859年日本对西方五国开放港口早16年，但其意义是完全不同的。中国是被西方列强用武力打开了国门，对西洋文化的态度是抵触性的。而日本则是在西洋文明所象征的船坚炮利的威慑下，相对主动地把西洋文明请进了国门，因而对西方文化的态度是受容性的，就像之前它是中国文化的受容国一样。这样，西洋文明所带来的建筑的现代主义运动始终未能在中国生根。中国从1840年第一次鸦片战争到1949年中华人民共和国成立，几乎是每隔十年就会爆发一场战争，不是外敌入侵便是爆发内乱，短暂的和平建设时期内出现的建筑思潮是以民族主义为主导的，吕彦直设计完成的中山陵（1925—1929年）和中山纪念堂（1927—1931年）就是其代表。中华人民共和国成立后，中国建筑师进行过许多探索，20世纪50年代在追求"民族形式社会主义内容"的口号下追随过苏联，并以其为偶像，当时的"北京十大建筑"就是在这种历史背景下产生的作品。之后由于苏联支持的退出，中国开始自力更生，并经"文革"，又在改革开放初期伴随着"民族化与现代化"的口号对50年代的追求进行过复演，也同时在改革开放后面对各种新的建筑思潮措手不及过。但当今越来越多的中国建筑师认识到，应该"立足本国、放眼世界"，走自己的路。20世纪80年代以来中国的建设量在世界范围内都是独一无二的，中国建筑师也在这种机遇下进行了许多建筑探索，设计出了白天鹅宾馆（佘畯南、莫伯治设计，1983年）、阙里宾舍（戴念慈设计，1986年）、国家奥林匹克体育中心（马国馨设计，1989

年）、清华大学图书馆新馆（关肇邺设计，1991年）、北京菊儿胡同新四合院住宅（吴良镛设计，1994年）和上海浦东新区建筑群等优秀作品。这期间，外国建筑师在中国建筑市场的活动对中国建筑水准提高的推动作用也是值得一提的，其代表作品有贝聿铭的北京香山饭店（1981年）、波特曼的上海商城（1990年）、夏邦杰的上海大剧院（1998年）和SOM建筑事务所设计的上海金茂大厦（1998年）等。

台湾曾在1624年被荷兰占领，1626年西班牙人侵入，1642年荷兰人将西班牙人从台湾北部驱逐出去，1661年郑成功从荷兰人手中收复台湾。进入19世纪，台湾的淡水（1862年）、基隆（1863年）、平安港（1864年）、高雄港（1864年）相继开港。1895年至1945年是被日本占领的50年，日本把它当时从西方习得的规划设计理念和建筑风格在台湾的土地上进行了演练。"二战"后的1951年至1965年，是美国对台湾的"军事和经济援助"期，美国对台湾的影响是全方位的。这一时期王大闳的建筑活动以及贝聿铭、陈其宽和张肇康合作规划设计的东海大学校园建筑引人注目。1965年美国对台湾的"经济援助"终止后，台湾经济开始自立，随之于1966年推行了"中华文化复兴运动"，台北中山纪念馆（王大闳设计，1972年）、圆山大饭店（和睦建筑师事务所设计，1973年）等都是这一背景下的产物。1976年，台湾提出"12项计划"建设方案，各地开始出现文化中心兴建热潮，彰化文化中心（汉宝德设计，1978年）、高雄文化中心（王昭藩、翁金山设计，1980年）、台南市立文化中心（王俊雄设计，1982年）等相继建成，设计上充满了现代建筑本土化的探索。80年代以后，李祖原及其建筑作品系列的出现，以及台湾年轻一代建筑师的崛起是值得关注的。

与东亚其他国家和地区相比，香港和澳门的情况则有所不同。香港被英国侵占百余年后，中国已于1997年7月1日恢复了对其行使主权。澳门作为东亚最早对西方开放的贸易港口，自1553年葡萄牙人入澳门以来，一步步拓展其势力范围，1887年迫使中国政府签订了《中葡条约》，把澳门完全置于其殖民统治之下。1999年12月20日中国也恢复了对澳门行使主权。因之，20世纪香港和澳门的建筑发展便更为直接和强烈地受到西方文化冲击，同时受到中国内地的影响，建筑本土化的探索尚不明显。在香港和澳门的土地上，长期以来活跃着的是西方建筑师。香港以英国建筑师的活动为主，像早期进入香港的巴马丹拿和利安建筑师事务所；澳门则以葡萄牙建筑师的活动为主，至今还在活跃的尚有苏东坡（Antonio Bruno Soares）、韦先礼（Manuel Vicente）和马锦途等。两地本土建筑师的崛起是从20世纪80年代开始的，香港有何弢、王欧阳、刘荣广和伍振民、关善明、严迅奇、吴享洪等，澳门有陈炳华、冼百福等。西方著名建筑师的活动对香港和澳门建筑品质的提升起到了重要作用，也产生出一批在世界范围内具有影响力的建筑作品，如福斯特设计的香港汇丰银行（1986年）和新机场（1997年）、贝聿铭设计的香港中国银行大厦（1989年）和苏东坡设计的澳门文化中心（1999年）等。

韩国现代建筑也可以说是在两大潮流中发展起来的：一种潮流是基于韩国自身的文化和传统，另一种则是在与现代主义文化的冲突中左右摇摆。与东亚其他国家一样，韩国同样面临着民族化和现代化的矛盾，这也是现代韩国建筑问题的焦点所在。在现代韩国建筑发展过程中所呈现出的多样状况正是上述问题的反映。20世纪60年代，从批判现代主义产生出传统回归的地域主义，与第三世界国家产生出的独自建筑的追求相应，在大型公共建筑建设中，政府的要求几乎决定了建筑的方向性。70年代，普遍尝试的是传统建筑样式的现代表现，开始追求空间所具有的精神内涵。但实际上，关注的只是样式中包含的历史性，并反复应用在建筑表现中，并没有逃脱折中主义的范畴。80年代以后，开始批判主张功能主义的现代主义，尝试更加自由地表现建筑的形式，这一动向与政治经济的变化以及韩国第三代建筑师的产生密切相关。与此同时，以后现代主义、解构主义为中心的大量海外建筑思潮流入，使得韩国现代建筑发生了很大变化，也为韩国建筑带来多样的影响。一些韩国学者认为，韩国现代建筑并不是在接受现代建筑或否定现代建筑的基础上产生的，应该说，韩国建筑的最本质课题是要认真研究现代建筑本身，并发掘出其潜在的可能性。

朝鲜和蒙古的当代建筑，可以说曾长期处在苏联建筑的影响之下。朝鲜建筑在接受苏联建筑深刻影响的同时，在建筑民族化的道路上进行了许多探索。在朝鲜，建筑始终与意识形态的支配地位密切相关，很难接受来自西方建筑文化的影响。当今蒙古建筑则有其本土建筑文化探索和受到来自西方文化冲击的一面。蒙古民族有史以来是以游牧民为主的，活动居住的蒙古包就成为蒙古建筑的重要发源。然而进入19世纪，由于受到中国内地、俄国以及欧洲各国的影响，蒙古的城市开始呈现出与其地方特征极其相异的面貌，外国建筑师的作品在20世纪20年代也开始在蒙古出现。30年代和40年代合理主义者和构成主义者的创造力和进步理念对"二战"前蒙古建筑的发展起到了重要作用。"二战"后蒙古最初的现代建筑师奇梅德（B. Chimed）的建筑活动引人注目，他1948年毕业于莫斯科建筑学院，乌兰巴托最早的总体规划就是依据其设计理念制定的，蒙古古老都市中生态学的传统在该总体规划中得到创造性的应用。1961年建成的乌兰巴托饭店（奇梅德设计）展现出那个时代变革的、崭新的建筑理念，并对蒙古建筑师的创作活动产生了很大影响。1990年的民主革命后，建筑活动产生了很大变革，大量建筑设计事务所开始设立，建筑师的自由创作开始得到发挥。其代表作品有基于民族主义设计理念的"蒙古人民革命党总部大楼"和受后现代思潮影响的作品"金吉斯汗饭店"（1995年）等。

四

　　不论东亚各国和地区探索本土性、固有性或民族性的道路如何，中国（包括香港、澳门、台湾）、韩国、朝鲜、蒙古的建筑也在追求现代化，问题的中心是"现代化"的内涵是什么？日本建筑的"现代化"基本上是等同于"西化"的，这是世界留给我们的一段现代化启示录。P. 利库尔在《历史与真理》一书中这样谈道："我们正面临着从不发达状态中升起的民族的一个关键问题——为了现代化，是否必须抛弃使这个民族得以生存的古老的文化传统。从而也产生这样一个谜：一方面，它必须扎根在自己的土壤中，熔炼一种民族的精神，并且在殖民者的个性面前显示出这种精神和文明的再生；另一方面，为了参加现代文明，它又必须参与到科学、技术和政治上的理性行列中来，而这种理性又往往要求把自己全部的文化传统都纯粹地、简单地予以抛弃。事实是每种文化都不能承受及吸收来自现代文明的冲击。这就是我们的谜：如何既成为现代的而又回到自己的源泉；如何既恢复一个古老的、沉睡的文化，而又参与到全球文明中去。"这也是东亚各国曾经面对或正在面对的课题。在对待西方文明的态度上，中国有"中体西用"，韩国有"东道西器"，日本有"和魂洋才"，其实拥有着几乎相通的内涵。那么，东亚各国的"中体""东道""和魂"之类是否已经消亡了呢？铃木博之的回答是："只要建筑不能与其建设的'场所'相分离，世界建筑的理想完全收归于同一轨道上是不可能的。"

20世纪末，世界经济形势发生了戏剧性的变化，亚洲正在崛起。或许亚洲各国建筑现代化的过程正好可以回答前述 P. 利库尔提出的问题：既成为现代的而又回到自己的源泉；既恢复一个古老的、沉睡的文化，而又参与到全球文明中去。奈斯比特在《亚洲大趋势》一书中谈道："亚洲的现代化绝非等同于'西化'，它呈现出的是特有的'亚洲模式'。""东方崛起的最大意义是孕育了世界现代化的新模式。亚洲正在以'亚洲方式'完成自己的现代化，它要引导西方一起迈入机遇与挑战并存的21世纪。"

尽管如此，东亚各国还是应冷静地对待未来的曙光。人类在经历了20世纪前所未有的剧烈变动之后，21世纪的图景并未清晰地展现在人类眼前。围绕建筑发展，当今世界已建设性地提出了21世纪仍需面对的许多重大课题：可持续性发展、环境保护、文物建筑保护、人居环境、生态建筑、节能建筑、富有文化内涵的建筑创造、地方性建筑，以及信息化和国际化的挑战等。这些课题都是东亚要与世界共同面对的，对东亚来说应该是更为严峻。东亚在今天作为一个整体展现在世界面前的力量，可以说在很大程度上左右着世界的未来。东亚所具有的地理位置优势和经济实力，再加上与发达国家处在同一条起跑线上的日本、韩国以及经济持续增长的中国，尽管有20世纪末亚洲金融危机的冲击和影响，但是，我们还是应该能够谨慎而乐观地看到21世纪东亚建筑充满希望的未来。

20世纪中国现代建筑概述

第一部分　中国大陆
邹德侬

19世纪和20世纪之交的中国，已被迫纳入世界市场，各主要资本主义国家在中国扩大商品输出、资本输出，并取得开办工矿、兴修铁路的权利，也把西方的建筑输入中国。

一、被动输入西洋传统建筑

进入20世纪，各主要资本主义国家在中国的"通商口岸"和"租借地"输入了建筑类型比较齐全、建筑风格相对多样且具有殖民主义色彩的建筑。

主要建筑类型包括：工业建筑、交通建筑、金融建筑，以及其他公共建筑类型，如商场、旅馆、娱乐场所、公寓、学校、教堂、办公楼、别墅等无不齐备。有些建筑的设计和建造达到了当时技术先进、质量上乘的高水准。各种类型的实例如青岛德国总督官邸（1905年）、济南火车站（1912年）、哈尔滨中东铁路局大楼（1906年）、上海徐家汇大教堂（1910年）、北京清华学堂本楼（1911年）、上海福新面粉厂（1913年）、上海汇丰银行（1921年）、汉口海关大楼（1921年）、上海沙逊大厦（1926年）、天津劝业场（1928年）等。

建筑形式也可以说多种多样，但是，基本上是把租借国本土流行的古典主义、折中主义、装饰艺术派（Art

1 济南火车站

2 哈尔滨中东铁路局大楼

3 天津劝业场

Deco）和民间建筑等形式照搬到中国，形成中国近代建筑中的"万国建筑博览"现象。

二、中国传统建筑在延续中接受挑战

在被迫输入西洋建筑的同时，中国的传统营造方式依然在继续。在中小城市与乡村，大量兴建的公共建筑和民居，反映出民间匠师的智慧和地方文化的底蕴，像天津的广东会馆（1907年）这样的公共建筑和分散在各地的无数大小民居；在大城市，传统的建筑形式与输入的新技术、新材料和新观念发生了相当严重的矛盾。1927年国民政府定都南京之后，于1929年制定了"首都计划"和"上海市中心区域规划"，官方明令行署在公共建筑上要采用"中国固有之形式"。一批中国古典复兴建筑陆续建成，如南京中山陵（1925—1929年）、南京中央博物院（1947年）、上海市政府大厦（1931年）、广州中山纪念堂（1931年）。这些建筑一方面反映出对于外来建筑文化的某种对立心态，同时也显露出旧形式与新功能、新技术之间的巨大矛盾。这一倾向，也被许多模仿中国传统建筑形式的外国建筑师所加强，如美国建筑师墨菲（H. K. Murphy）在中国设计的大量中国古典建筑，如金陵大学北大楼（1919年）、燕京大学的校园规划和建筑（1920年）等。

4 南京中央博物院

5 上海市政府大厦

三、现代建筑的出现及其弱势

早在1905年，中国学生就开始了去欧美和日本学习建筑学的过程。20年代，大批留学生学成回国，陆续展开了中国第一代现代建筑师的职业生涯。如吕彦直1921

年在上海独自创立了彦记建筑事务所，此前的上海东南建筑公司和此后1922年由柳士英、刘敦桢等人创办的上海华海建筑师事务所，是中国建筑师创办的第一批建筑设计事务所。1923年，中国苏州工业专科学校最早设立了建筑科，开始了近代建筑教育。1927年，中国最早的建筑师职业团体"中国建筑师学会"成立，第一任会长庄俊。中国最重要的建筑学术研究团体中国营造学社，成立于1929年，社长朱启钤。中国营造学社存在的17年间，进行了大量的古代建筑实例的调查、测绘和研究工作，整理了重要的古典建筑文献，以梁思成为代表的一批学者，对中国古代建筑的研究和保护做出了重要贡献。

如果从建筑技术和类型的角度观察，中国的现代建筑出现于20世纪20年代末，此时的钢筋混凝土结构和高层建筑，已经相当成熟，只是建筑的局部还披着古典形式的外衣。此后，从建筑创作思想和形态上，渐渐具备了现代建筑的典型特征，如大连火车站（1936年）和天津的香港大楼（1933年）。许多图变的中国建筑师，努力在新技术的条件下，推出新建筑，如南京原国民政府外交部大楼（1937年）、上海的中国银行（1934年），也成为中国现代建筑的重要先例。不过，中国现代建筑的数量相对较少，现代建筑思想以较大的力度影响中国建筑师的时候，已经进入了长期的战乱时代，现代建筑思想在中国建筑舞台上的种种表现，主要发生在20世纪的下半叶。

四、现代建筑的自然表达

进入50年代的中国建筑，在20世纪上半叶发展的基础上揭开了新篇章。

50年代初，经历多年战争后开始建设的中国，经济实力不强，建设规模不大。在设计周期比较短的条件下，自然地采取了现代建筑的原则和手法，诸多典型的现代建筑得以落成，其中不乏优秀之作。

上海曹杨新村的建设，是早期大城市工人新村规划和设计的典型。它利用地段之内的小河，采用自由式的布局，显然受到"花园城市"理论的影响。北京和平宾馆（杨廷宝设计，1951年），设计切合当时社会经济情况，符合现代建筑艺术规律，实乃中国现代建筑成熟手笔。北京儿童医院（华揽洪设计，1952年）是早期探索现代建筑结合中国建筑传统的优秀实例，设计严格地按照儿童医院的特点，建筑外部的细节处理，使人联想到传统建筑的神韵。武汉医学院附属医院（冯纪忠设计，1952年），略呈"米"字形的四翼护理单元分区明确，满足了医院要求安静、清洁和交通便捷的原则，细部设计精当，显示了现代医院建筑的性格。

6 武汉医学院附属医院

五、民族形式的主观追求

出自对民族自豪感的表达以及受苏联的影响，在中国进行大规模经济建设的同时，建筑创作兴起了对民族形式的追求，在理论和实践两方面均有所探索。但是，这种探索在很大程度上受到政治思想和意识形态的支配。

在探索的初期出现了种种颇具纪念性的民族形式：以中国传统木结构"大屋顶"建筑为蓝本的古典复兴为主导潮流，如北京友谊宾馆、重庆人民大会堂、北京三里河办公大楼等；此外尚有表现不同地区少数民族建筑

7 重庆人民大会堂

8 北京友谊宾馆

9 内蒙古鄂尔多斯市成吉思汗陵

10 上海鲁迅纪念馆

11 北京火车站

特征的地方性民族形式，如新疆乌鲁木齐人民剧场、内蒙古鄂尔多斯市的成吉思汗陵等；在特定城市里尚有比较明显的沿袭国外建筑的形式，特别是苏联的建筑形式，如上海中苏友好大厦等。由于"民族形式"在功能和技术上的矛盾，特别是建筑耗资过大，造成不堪重负的浪费，受到广泛的批判。

此后出现的许多作品，以现代建筑的功能、结构和形式为基础，并不采用"大屋顶"，显示出新型中国现代建筑的作风。北京电报大楼（林乐义设计，1956年），建筑平面紧凑、流线便捷，适应高效率运转。钟楼处理一扫古典风气，全新创造，整体建筑线条挺拔，形象明快，是开中国现代建筑新风气之佳作。还有结合地方或民间传统建筑形式的探索，如上海虹口公园的鲁迅纪念馆（陈植、汪定增设计，1967年）、北京贸易部大楼（徐中设计，1954年）等，主要的艺术特征是：采用不同地方民居建筑的丰富语汇，建造经济，形象朴实。

1958年9月开始设计并兴建的国庆十周年"十大建筑"，如人民大会堂、中国革命博物馆和中国历史博物馆、北京火车站、民族文化宫等，仅仅用了一年时间就圆满完成。建筑规模宏大，功能多样，技术先进，在建筑风格的多元化方面做出了可贵的尝试，形成20世纪50年代末的又一个建筑创作高潮。

六、结合建筑技术的艺术追求

20世纪50年代末，以钢筋混凝土薄壳结构和悬索结构为代表的大跨度结构，得到了相当程度的发展。除了北京火车站（35米×35米钢筋混凝土扁壳，1959年）

之外，还有北京工人体育馆（94米圆形悬索屋盖，1960年）、重庆山城宽银幕电影院（观众厅为三波11.78米×30米钢筋混凝土筒壳，1960年）、乌鲁木齐建筑机械厂金工车间（直径60米钢筋混凝土椭圆旋转壳结构）。浙江省人民体育馆，是中国第一座采用椭圆形平面和马鞍形预应力钢筋悬索屋盖结构的体育馆，同济大学学生饭厅结构为装配式整体钢筋混凝土联方网架，落地拱结构带来张力感，结构杆件组成韵律图案，是赋结构以艺术性的探索性作品。

薄壳、悬索以及其他新型结构的应用，把建筑技术提高到一个新的水准，在节约材料和创造新的建筑形象等方面起到了积极的作用，在当时中国相对封闭的情况下，是难能可贵的。

七、地方性建筑的自发表现

20世纪70年代，各地建筑师在各自不同的条件下，探索了地方性的建筑。如广州建筑对现代建筑与华南地方建筑传统的结合做出了贡献，高层宾馆有广州宾馆、白云宾馆，其他的佳作像友谊剧院、进出口商品交易会大楼等；同时还有一批中小型的旅馆、疗养建筑，如矿泉别墅、中山温泉等。明显的艺术特色是：建筑艺术处理更加贴近当时的国际现代建筑；在确定建筑标准方面，节制豪华、不事张扬，追求朴实的美，这正是中国现代建筑的必由之路。

桂林素有"山水甲天下"之美誉，20世纪70年代，在芦笛岩的风景区出现了现代的风景建筑如芦笛岩接待室、芦笛岩水榭（尚廓设计）等，运用了全新的钢筋混

12 桂林芦笛岩水榭

凝土结构，但造型蕴含着古典园林建筑适宜的比例、尺度，成功地点缀了优美的风景区。

八、多元共存的创作倾向

改革开放的中国，经过了设计思想的再研讨，带来了中国现代建筑新局面。

建筑创作如何处理现代化与继承传统的问题，是半个世纪以来建筑创作的核心，建筑师探讨了现代建筑与传统建筑"形似"和"神似"，也有许多建筑师主张探讨中国建筑传统的深层含义。部分建筑师主张不必考虑旧的传统，走一条全新的建筑现代化之路。

与此紧密相关的课题是，在建筑创作中如何对待外来的建筑经验。现在中国建筑师直接面对世界各国的经验，许多著名的外国建筑师在中国留下了作品，同时多种先锋思想也进入中国，如后现代建筑和解构建筑等思潮。这些思想在丰富和活跃中国建筑思想方面，起到了积极的作用，但其消极意义尚待深究。

20世纪80年代以来，中国的建筑创作形成了新的气象。

1. 体现现代精神的传统出新

发扬中国建筑的优秀传统同时体现时代精神，已是建筑创作的新着力点。在孔子故乡、历史名城曲阜的阙里宾舍（戴念慈设计），虽然采用了与周围传统建筑相协调的手法，但恰当地运用了现代结构体系，外形自然合理，室内干净利落，充满了现代气息。建筑师关肇邺主持设计的清华大学图书馆新馆，体现出对清华园历史和环境特色的尊重，使新老两馆在建筑形象上既有变化又能和谐，于朴实无华的现代建筑中表现深刻的文化内涵。陕西省博物馆（张锦秋设计），将唐代建筑形式与现代化的公共建筑功能、设施等结合起来，且运用传统空间和园林手法，具有独特的创作经验。

2. 体现现代精神的地方风格

探讨具有现代精神的地方风格，是颇具成就的方面。白天鹅宾馆（佘峻南、莫伯治设计），室内中庭以"故乡水"为主题，发扬岭南园林建筑的传统，使游子备感亲切和自然。武夷山庄（齐康等设计）布局和造型具有强烈的村居气氛。黄山云谷山庄（汪国瑜设计）地貌复杂，溪潭交错，设计考虑保石、护林、疏溪、导泉，建筑布局傍水跨溪，与自然融为一体。此外，吐鲁番宾馆、龙柏饭店、拉萨饭店、云南竹楼宾馆等均是有此类特征的作品。

3. 重塑建筑中的象征和隐喻

建筑师的视野拓宽，超越了以往运用简单的数字、符号或装饰纹样的象征和隐喻手法而具有本体意义。威海的甲午海战纪念馆（彭一刚设计），建筑形象犹如相互穿插撞击的船体，隐喻那场海战的悲剧含义。广东东莞游泳馆（余兆宋设计）将单坡斜向网架屋面处理如巨鲸形象，隐喻了"水"的主题。此外，重庆江北机场候机楼、广州购书中心等一批建筑都是此类作品。可贵的是，这些建筑在建筑本体上开拓和丰富了建筑造型。

4. 高层、大跨度建筑和技术美的展现

高层和大跨度建筑是现代建筑的主体类型，需要先进建筑技术的支持，也在一定程度上代表了建筑技

13 新疆吐鲁番宾馆

14 威海甲午海战纪念馆

15 哈尔滨黑龙江速滑馆外观

16 哈尔滨黑龙江速滑馆室内

17 广东国际大厦

18 南京夫子庙

术的进步，展现一个时代的技术美感意趣。大跨度体育建筑的艺术表现力，一向以新材料和新技术为依托，显示"健"与"美"的性格。北京亚运会一批场馆，在造型上各有千秋，形成多样化的局面。哈尔滨黑龙江速滑馆（梅秀魁设计），外观反映出滑冰运动的舒展和潇洒，室内则渐升渐退有内聚力，充分表达了体育建筑的个性。20世纪80年代前期全国最高的建筑物是高达160米的深圳的国贸大厦，进入90年代的高层建筑如深圳发展中心大厦，高达185米；广东国际大厦，地面以上63层，高达200米；北京的京广大酒店已高达208米，更高的高层建筑正在设计和建设之中。高达450米的上海广播电视塔"东方明珠"是当时我国电视塔的高度之冠，这些类型的作品成为建筑和结构、艺术和技术完美结合的产物。

5. 旅游建筑的勃兴

改革开放带动了旅游事业，与此相关的建筑类型得到全面的发展，如著名的黄鹤楼、岳阳楼、滕王阁等古建筑的复原与重建，与旅游相关的建筑和建筑群也有大量的兴建和复原，像北京的琉璃厂、武汉楚文化游览区、南京的夫子庙和秦淮河沿岸建筑群、北京颐和园的苏州街等。这些建筑群在丰富旅游生活、介绍中国传统文化方面起了很好的作用。

经过近20年的努力，中国的建筑设计市场基本进入了有序发展的新阶段，其重要的标志就是相关法律的制定和注册建筑师制度的实施。中国现代建筑艺术也已经发展到一个新的阶段，其主要标志是多元并存的局面已经形成。在20世纪和21世纪两个世纪相交之际，中国现代建筑面临着环境保护和高技术带来的新课题，建筑师必然全力关注这些新的因素，它们可能是创造新型建筑文化的新动因。

第二部分　台湾、香港和澳门地区

龙炳颐　王维仁

20世纪见证了台湾（日本占领，从1895年至1945年）、香港（英国占领，自1842年至1997年）和澳门（葡萄牙占领，自1557年至1999年）摆脱了殖民主义的统治。[1]它们都从各自的殖民者那里保留下来了富有特色的建筑遗物，当它们发展成为引人入胜的地区时，各自形成了独特的个性。

一、台湾

20世纪的台湾建筑在前半个世纪一直受到日本殖民主义的影响，而在后半个世纪则既受到国际建筑思潮也受到中国民族主义的意识形态需要的支配。在两者中，我们看到了不同历史背景下的现代化和西方化过程中相互矛盾的文化情结的迹象。日本人把经过他们诠释的、盛行于19世纪欧洲的古典复兴建筑移植到这座岛上，并以此作为明治维新后"殖民地现代性"的代表。另一方面，当"中国本质的现代性"正成为某些建筑师主要关注点之一时，台湾当局带来了从中国皇家建筑沿袭下来的古建筑风格，作为一种"意识形态上的弥补"。中国个性与现代性的对话，由于全球资本主义及其文化产物日益增长的主宰地位而在20世纪80年代逐渐消失，在此之前，这种对话通过由现代主义到后现代主义的转变得以存在。

作为亚洲第一个工业化和西方化的国家，日本把它对台湾的占领视为通过"殖民地式现代化",并把这座岛屿建成一个"殖民地典范"来作为开化亚洲的第一步。非常意味深长的是,日本建筑师们在台湾所建的大部分公共建筑中,不采用传统的日本风格,而是仿效19世纪的欧洲古典复兴主义,以反映出与日本本身现代化的意识形态上的联系。"总督府"设计竞赛获奖作品是日本衍生的西方文化的一个鲜明展示。由于殖民者不得不窃用一种外国的风格来体现它的权威,它所反映出的个性必然是暧昧和讽刺性的。在日本占领时期建成的其他重要的公共建筑,例如由野村一郎于1912年和1915年设计的"总督官邸"和台湾博物馆,或是由近藤十郎于1907年和1916年设计的台湾大学医学院及其附属医院,或1922年建的台湾烟酒局,都表现了欧洲风格的折中组合,从英格兰的维多利亚哥特式、具有多立克柱的新古典立面,到具有法兰西式屋顶的晚期巴洛克式。由日本人在1915年实施的台北城市改建,改变了市区的街景形式,所有的商店立面都改换成了新守旧派风格,这是又一个日本殖民地现代风格的例子,说明了它的"霸权的说服式手段"。[2]

于1919年落成的"总督府"标志着复古主义的顶峰。1928年,东京大学毕业的井手薰创建了当地的建筑协会和建筑杂志,提倡来自欧洲现代化运动的新建筑思想。技术层面上,从承重砖墙到砖面钢筋混凝土的技术发展也促进了建筑风格的变化。在1928年建的台湾大学艺术学院,1936年所建的台湾大学图书馆,1936年建的大会堂,1938年建的台北电话局,都可以看到帝冠风格的影响,更重要的是现代建筑语汇日益增长的重要性。

1 台湾大学医学院附属医院

2 台湾大学艺术学院

值得注意的例外是栗山俊一设计、1931年建的台北广播电台，它反映了把中国本国形式与当地气候条件结合起来的鲜明的意图。

1949年，国民党在与共产党的内战失败后，迁移到了台湾。从此，模仿中国皇室风格的建筑遂成为得到台湾当局赞助的正统建筑风格，以此作为反映它的中国民族主义的手段。这种没有对其构造原理和可靠性做严格审查的，以钢筋混凝土建造的中国皇室建筑形式的复制品，最明显地表现在20世纪60年代所建、并于1971年扩建的圆山大饭店中。

3 台北圆山大饭店

从20世纪50年代起，一批来自中国大陆的建筑师在探索"现代中国建筑形式"中创造了另一种建筑表达的形式。"现代中国建筑形式"是由在20世纪早期受过传统知识教育的建筑师们发动的一项未完成的事业，王大闳在60年代和70年代创作了一些重要的作品——他或许是其中最杰出的一位。在为台湾大学设计的学生中心和法律图书馆中，他在采用现代材料和结构逻辑来表达传统中国建筑原理方面所做的努力，不但明显表现在吸取了诸如木棂格窗、隐壁墙和梁柱的具体节点等细节方面，也表现在台基、柱廊和屋顶的三段式划分方面。在他的彩虹住宅和陈氏住宅中，他成功地采取一个小入口院落，使人在紧凑的城市背景中体验到中国四合院式的住宅。建成于1972年的中山纪念馆，将中国宫殿式建筑的大屋顶稍加变化而表现了中国的精神，它或许是王大闳作品中最富表现力也最宏大的设计。

4 台湾大学法律图书馆

这一时期还有其他一些著名的作品，包括东海大学的校园规划和路思义教堂，1955年由贝聿铭、陈其宽和张肇康设计[3]，以及由张肇康于1963年设计的台湾大学农展馆。后者具有与王大闳早期作品相似的手法，表现出隐壁墙、光面混凝土框架和以当地产的天青石砖为填充墙的三段划分式立面。它也是把密斯的平面和勒·柯布西耶的细部与中国传统的庙宇组合原理巧妙地融合为一体的杰出范例。

除了探索"现代中国精神"的作品之外，其他20世纪60年代的现代派风格建筑大部分是西方模式的翻版。嘉兴大厦是其中较好的例子之一。在70年代末80年代初，随着台湾在经济上的成功，晚期现代派风格的商业建筑开始出现在台湾的城市景观中。这些建筑物仍然模仿着西方的类似建筑。70年代以后对台湾建筑最有价值的理论上的贡献，是由汉宝德建立的建筑论坛和他引进的设计作业教学的新方法。汉宝德主持东海大学建筑系十年之久，与他的学生一起创办了一份新的建筑杂志。他们的著作中所倡导的新思想及关于传统的和地区性的建筑的讨论，曾经对年轻一代的研究者和建筑师有很大启发。

在20世纪80年代至90年代，当台湾的经济增长达到了一个新高峰时，全球资本主义和文化产物商品化的冲击渗透到建筑业中，超过了对民族个性的关注。美国式后现代主义的大量输入，不协调地与传统中国部件的拼凑物混合在一起，其结果是M. 格雷夫斯（Michael Graves）的符号方法的东方式摹本和仿制品开始出现在台北的城市景观中。这种矛盾的文化依赖性背离了中国所遵从的文化意识形态，而这个国家曾一直为它悠久而光辉的文化传统而自豪。在这种背景下，由李祖原（C.

5 澎湖青年活动中心

6 剑潭青年活动中心

7 元智大学图书资讯大楼

Y. Lee）设计的有影响并有魅力的宏国大厦，显示出对变形的中国建筑主题的大胆表现，这是仍然投身于现代中国性格探索中的少数例子中的一个，并且得到了开发商的支持。李祖原的其他一些项目运用了类似的方法，包括成功大学的航空太空学系教师公寓和台湾清华大学的物理馆。李祖原的另一个著名作品是1986年的大安国宅，它采用了台湾传统建筑的屋顶形状，并将之加在高层住宅建筑群的顶上。在建筑物上贴上传统部件符号的做法从此被其他建筑师竞相仿效而流行于房地产市场，导致了大量建筑既似欧式又似中式，既似古典又似乡土。

在20世纪80年代之后，台湾的文化思潮的焦点就逐渐由继承中国民族主义转向确认台湾岛本身的社会和政治现实。受此运动影响的建筑作品，包括由汉宝德设计的澎湖青年活动中心和由朱祖明设计的剑潭青年活动中心，它们都是通过对传统的台湾形式和材料有选择地结合来唤起人们对台湾昔日建筑的感觉。其他富有创意的项目还有吴增荣设计的东势镇公所，以及象设计集团于1992年规划和设计的冬山河亲水公园。以上设计都重新诠释了用近代的或工业的本地语汇来表现本地文化景观的思想。

20世纪90年代，台湾在建筑的设计和生产方面都有了重大进步。台湾新一代建筑师大部分在美国接受教育，他们努力使作品在国际舞台上发挥积极的作用。以这种愿望在90年代后期完成的作品有：东华大学餐厅、姚仁喜设计的元智大学图书资讯大楼、东方高尔夫俱乐部会馆和台南艺术学院音乐学校。到90年代末，对于台湾的年轻一代建筑师来说，致力于完成具有国际水平的建筑精品将比探索那未完成的"现代中国精神"具有更重大的意义。

二、香港

像许多英国进行过殖民统治的地区一样，香港也曾被划分为欧洲人区和本地人区。砵典乍街（Pottinger Street）以西人口密集的唐人街，是由狭窄的双层广东式灰砖联排房屋构成的，底层是商店，上层住人，这是中国南方城市中常见的城市建筑的延续。构成维多利亚新城的欧洲人居住区的房屋，则是二层至三层的新古典主义殖民地式建筑，前有拱廊和阳台，装有木百叶窗遮阳以及落地窗，其设计十分适合在炎热地带舒适地生活。

唐人街恶劣的公共卫生条件，以及1894年的瘟疫，导致了2550人死亡，为此在1903年颁布的有关公共建筑与健康的条例推行一种三层至四层的店面住房，在上层都有大门窗和阳台以得到穿堂风。人行道直接位于阳台之下，由立于马路道牙边的柱子支撑阳台，形成既遮阳又挡雨的文明环境。这种类型的经济住房在1932年又根据新的房屋条例做了进一步修改，要求所有新建房屋都必须设有厕所。此后，新建房屋设计就没有什么变化。直到60年代和70年代，全新的房屋条例允许建造更高的建筑物。

19世纪下半叶英国殖民者所建的欧式建筑，到20世纪初时被大量地重建了。在原来维多利亚城海岸线上的第一次开拓达到59英亩（约24公顷）土地，在其上建成了新邮政总局大厦（1911年）、高等法院（1912年）

8 台南艺术学院音乐学校

9 高等法院

和若干商业办公楼。维多利亚邮政总局，这一商标式建筑，由谭仁纪建筑事务所（Denison, Ram, Gibbs）设计，以"结构彩绘"为装饰，使用一种来自厦门的本土花岗岩和红砖的组合形式。爱德华巴洛克式的高等法院，以花岗岩建造，由殖民署顾问建筑师 I. 贝尔（Ingress Bell）和 A. 韦伯（Aston Webb）设计。高等法院或许是唯一由具有国际声誉的建筑师设计的殖民地式建筑，因为韦伯以皇宫前大道（The Mall）、海军门（Admiralty Arch）、维多利亚纪念馆和白金汉宫正立面重修等设计而闻名。这一年代的商业建筑可被称为开发者之模式，它们都具有或多或少相似的立面处理。公和洋行（Palmer and Turner）和利安建筑师事务所[4]（Leigh and Orange）是两个起了主导作用的建筑师事务所。它们设计的建筑大多具有典型的维多利亚式圆拱、连拱外廊，有时还用文艺复兴式细部装饰或圆形三心花瓣拱或尖形外二心桃尖拱、荷兰式端墙、莫卧儿式塔和圆形或八角形塔楼构成各角上的终端。在薄扶林的中段上，第一所由利安建筑师事务所设计的香港大学新古典主义维多利亚式主校园于1912年招生。

随着英国强占九龙半岛和1898年以99年的租借期取得了新界，海港两侧开始进行了重大的城市发展。建筑师 A. B. 哈柏克（A. B. Hubback）设计的新古典维多利亚式的九龙铁路总站大楼位于九龙半岛的顶端，在铁路开始运营五年之后投入使用。这个终点站是个重要的城标，人们可由此出发取道广东、北京、西伯利亚和俄罗斯到巴黎旅行。在这一时期，铁路沿线建起了旅馆、货栈、码头、娱乐和商业建筑，半岛开始发展起来。在三

10 九龙铁路总站大楼

车道的弥敦道上，还保留着1905年利安建筑师事务所设计的早期维多利亚哥特式的、红砖的圣公会圣安德烈教堂（The Anglican Church of St. Andrew's）。相邻的是在形式和材料上都与之相符的第一所英国学校（1902年，后为古物古迹办事处），由公和洋行设计。再向南即是于1928年落成的意大利式半岛酒店，它堂皇而安稳地坐落在铁路总站的对面。为了把九龙塘区变成一个城乡生活优点相结合的郊区，E. 霍华德（Ebenezer Howard）的"花园城市"概念于1922年首次被引进到香港。

11 半岛酒店

20世纪30年代的建筑开始脱离殖民地风格。当汇丰银行于1914年决定重建它那已有50年历史的老维多利亚式银行楼时，公和洋行受委托要设计一座当时世界上最好的银行大楼。这座富有芝加哥式灵感的、石面料钢框具有装饰艺术风格的高层建筑，是当时世界上技术最先进的建筑。在同一时代，其他一些建筑，如位于中环中心（1937年）和湾仔（1936年）的两个受英国现代主义影响的公共商场，及位于中环区、由公和洋行设计的装饰艺术风格的毕打行，都标志着告别了殖民地古典主义。在铜锣湾圣玛丽教堂（1937年）、湾仔循道公会礼拜堂（梅雅达设计，1935年）和土瓜湾圣三一教堂（1938年）等香港的"中国文艺复兴式"的例子中，表现着20世纪20年代和30年代中国教会建筑的全国性潮流的延续。

20世纪50年代标示着建筑发展新篇章的开端，因为由此往后出现了高度密集的生活区。1949年起从内地来的移民突然涌入，1953年圣诞夜的大火灾造成了53000人露宿街头、无家可归，这迫使政府着手有组织地建造公共居民住房。公有和私有的居民住房经历了几

12 高层高密度住宅——将军澳新镇茵怡花园

13 新香港大会堂

个发展阶段，从50年代原始英国式粗野主义的步行楼梯（无电梯）式的，由背靠背的单间组成的、浴室和厕所都是公用的六层楼宇，到80年代和90年代实用的香港现代派塔楼。其最新发展是由吴享洪设计的、具有环境意识的、高密度的将军澳新镇茵怡花园。这一住宅区占地2.1英亩（约0.85公顷），可供8000人居住，共有七幢阶梯形层高的公寓以避免风暴和烈日。它重新引入了如外部遮阳板和挑棚等基本的建筑特征来控制太阳直射以降低能耗。同样在50年代，开始了一项郊区和新界的高密度新镇计划以满足人口增长的需要。这些自足的新镇有学校、商场、医疗和福利设施、高效的公共交通网为全镇服务。

在香港建筑史上的一个重大事件，就是于1951年在香港大学创立了建筑学院。R. G. 勃朗（R. Gordon Brown）是学院首任院长。勃朗教授还带来了他在英国现代主义影响下的个人经验。在他众多的作品中，两所华仁学院的实例剖析了勃朗运用简单的比例和明确的几何形显示了一种本土风格。

在20世纪30年代后期，拆除了法国建筑学院派风格的香港大会堂（建于1869年）之后，香港人民等到1962年才有了一座位于爱丁堡广场的新香港大会堂。这座由公共事业局（现为建筑署）R. 菲利普（Ron Phillips）和费雅伦（Alan Fitch）设计的国际化风格的建筑，是密斯和勒·柯布西耶风格的结合，它象征着现时代中的文化新生，这种文化曾如此明显地流失以至于香港一度被认为是"文化沙漠"。何弢设计的受新陈代谢派影响的香港艺术中心是"文化沙漠"中的一片绿洲。

他的富有创造性的想象力不仅把所有需要的功能，如音乐厅、剧场、美术画廊、办公室和餐厅等紧凑地结合在一块总共930平方米的用地上，而且对创建一座艺术中心的需求也做出了贡献。在街对面，由关善明设计的晚期现代派的香港演艺学院，因基地被原有地下管道对角切割成三角形，其外形即以三角形作为设计的主调。他的另一个项目是新香港科技大学校园的设计（1992年），校园俯视牛尾海，占地58英亩（约23公顷）。这个项目引起了社会上的争议，因为关善明的设计是竞赛中的第二名而被选为实施方案，取代了由黎锦超教授和刘秀成领导的香港大学教授组所做的获胜方案。马方设计的香港体育馆，1982年的一项公开竞赛的获胜方案，以及HOK国际有限公司所设计的香港政府大球场、七人橄榄球赛之家，都是表现结构简练和完整性的创造性方案。

14 香港演艺学院

20世纪70年代，香港的经济开始腾飞。这时，象征集团财富和力量的商业建筑进展神速。在中环中心出现的第一座高层建筑是52层高的怡和大厦（Jardine House，原名康乐大厦，Connaught House），由巴马丹拿建筑师事务所（其前身公和洋行设计，于1973年建成）。香港置地集团（怡和集团的一个子公司）拥有的这座大楼是当时亚洲最高的，建在地球上价格最昂贵的土地上，它向全世界显示怡和集团（正是它迫使中国把香港割让给了英国）仍然在香港经济的未来中居于支配地位。属于该公司的其他发展项目于20世纪70年代和80年代相继完成，包括新亚历山大大厦（The New Alexandra House，1976年）、置地广场（The Land Mark，1983年）和交易广场（The Exchange Square，1985年），都是现代派传统

15 香港政府大球场

16 怡和大厦

17 力宝中心

18 香港会展中心（老楼）和中环
广场

风格并且都是巴马丹拿建筑师事务所设计的。H. 塞德勒（Harry Seidler）在为新香港大会堂（1983年）提供了一个无柱子的室内空间的设计中，构思出了弧形曲线、T形断面梁的方案以节约材料，并且形成了具有巴洛克特色的颇为有趣的建筑表现。力宝中心（原名奔达中心，1988年），是R. 鲁道夫（Paul Rudolph）的晚期现代主义作品。八角形的玻璃双塔成功地坐落在从先前方案留下的地基上，在福斯特设计的汇丰银行和贝聿铭设计的中国银行之间制造了表现现代建筑思想的一种"焦点式建筑物"。福斯特设计的高科技现代派汇丰银行（1985年）与其1935年的银行大楼一样，以达到最高的先进技术为主旨而不计成本。贝聿铭设计的中国银行大厦于1990年竣工，这座香港当时最高的建筑象征着中国银行的存在和增长中的实力，以预示香港主权的回归。本地建筑企业王欧阳建筑事务所成功地完成了最大的城区商场——太古广场，包括三个旅馆和一个太古集团的办公大厦（1988年，1991年）。刘荣广和伍振民承担了会议展览中心（1990年）和中环广场的设计业务，会展中心位于湾仔的海岸边，在它街对面的香港最高的现代派中环广场，覆盖在以金的、银的和陶瓷着色的玻璃中，炫耀着香港企业家和资本家的豪华气魄和诱惑力。严迅奇设计的万国宝通银行大厦（1992年），用他自己的话来说，是"这个城市的精神的天性和活力的视觉隐喻"。[5]

　　港府在20世纪70年代后期决定拆除1916年所建的维多利亚铁路终点站，以便利用其基地建造一座新"文化中心"，可容纳一个2085座的音乐厅、一个1734座的大剧场和一个艺术博物馆。这一决定在当时引起了公众的愤慨，并向英国女王递交请愿书，试图阻止这一对本土遗产的破坏。今天，俯视港湾最壮美的景观，虽然切去了顶部的维多利亚钟楼还保留着，但被一座由一些平庸的和无窗的房屋组合起来的新文化中心包围着（建筑署设计，1991年）。这幢建筑与王欧阳建筑事务所和SOM建筑事务所合作设计的镶满玻璃的会展中心扩建工程完全不协调，会展中心的扩建工程正好面对港湾，将山光水色和街景尽收眼底。1997年1月，在原英国军队所占用的一个山丘上，英国领事馆和英国文化协会建造了一组新建筑群供其使用。按晚期英国现代派风格设计的这一建筑群展示了T. 费罗（Terry Farrell）聪明又大胆地在外部同时使用了玻璃和毛面大理石，通过一个不透明天窗引入了柔美的自然光线，给室内自动扶梯边的墙壁涂抹上一层薄薄的阳光。

殖民主义遗留下的最后一个建筑工程是建设赤鱲角新机场（1998年）。它是20世纪世界上最大的一项单体工程，也是委托给英国的工程和建筑企业的黄金任务。福斯特的新旅客候机楼采用了与伦敦斯坦斯特德机场同样的高科技现代风格设计。福斯特本人对此做了最好的总结："虽然这是世界上最大的机场，但它不会惊吓过往的人们。它虽堂皇但绝不以势压人……它那沐浴在间接透入的自然光线下的井然有序和宁静的空间，使人们有一种意气风发的体验，唤起一种节庆的感觉，也给予空中旅行一种新的刺激。"

香港在20世纪后半叶已经发展成为一个高度密集、快速增长和变化着的全球性大都市，并且充满竞争和风险刺激。大多数的建筑在原地站立的时间不会超过

50年。但它仍然是个非常协调的城市。公共交通系统为人口的90%提供服务。绿化带和公园占总土地面积的40%。这里仍有约2000幢至3000幢建筑——中国式的和西欧式的——具有历史价值并将受到保护。犯罪率相对较低。香港作为一个大城市的成功历史，并非任何单个建筑之功，而是得益于均衡位于绿水青山之间的众多建筑的集合。说来颇为矛盾的是，香港作为一个亚洲的城市，却是一个最具创造力的城市，它实现了所有欧洲的城市理论家如A. 圣伊利亚（Antonio Sant'Elia）和未来派的勒·柯布西耶、艾利森（Alison）与P. 斯密森（Peter Smithson）以及"十人小组"等在50多年前曾有的构想。

三、澳门

在经过400多年的殖民统治之后，葡萄牙把澳门建成了一个由教堂、市中心、广场、公共建筑和中世纪城市结构的大分区组成的欧洲式小城市。在战前的澳门和香港的街景照片中，它们的殖民地风格的家庭和商业建筑、军队工程设施及19世纪新古典主义风格的建筑都是惊人地相似的。此外，在它们两者中，我们既看到殖民地式的装潢修饰与受传统中国影响的瓦、抹灰墙和细部的结合，也看到对适应本地气候的当地材料的合理利用。然而，在更精密的审视和比较下，它们之间细微的差别表现在：其中一方受到英国人讲究实际经济效果的现实主义和精确的工艺的影响，而另一方则受到葡萄牙人的拉丁式罗曼蒂克表现主义以及对尺度、质感和城市构架的敏感性的影响。

英国对澳门的影响始于19世纪，于澳门成为英国
在远东的贸易军事港口之时，且与澳门的这种经济文化
联系延续到英国于1842年占领香港之后。在20世纪初
期，英国殖民地风格，以及葡萄牙和中国本土建筑、欧
洲的新古典主义建筑、由耶稣会修道士引进的建筑等影
响，赋予澳门的建筑以一种强烈的混合性格的形式。稍
后，学院派装饰艺术风格传入澳门，随即在许多商业建
筑中流行，在已经多样化的街景中又增添了另一种建筑
语汇。

在20世纪最初阶段所建造的殖民地式居住和单位
的建筑中，典型的例子是位于水坑尾街29号及31号的
住宅，利玛窦学校和1920年的老消防站。然而这一时
期的精华无疑当数面向主要城市广场——市政厅的邮
政局。这座建于1931年的建筑，它那由F. 德·西尔瓦
（Francisco da Silva）设计的三层立面上，有弧形的檐饰、
爱奥尼式双柱和强调入口的中央钟塔。虽然它的尺度与
周围那些18世纪的建筑不同，但这座折中主义新古典建
筑仍然与其邻近建筑相辅相成，成为这一历史性地段中
一座年轻的"古老"建筑。

19 老消防站

在20世纪后半叶，澳门的建筑明显地反映出对两
个重要力量的依赖：来自里斯本的建筑作品及与香港的
经济联系。由于澳门当时没有大学，所以也没有当地培
养的建筑师，来自葡萄牙的建筑师基本上垄断了官方建
筑的设计任务。葡萄牙建筑师和一些与香港投资有联系
的香港建筑师共同分得其他部分的建筑工程，大量建
造了商业办公楼、零售店、开发商的住宅以及赌场等建
筑；其中，60年代所建，由E. 柯明（Eric Cuminr）设

20 葡京饭店

21 历史档案馆

计，具有学院派装饰艺术风格立面的里斯本饭店（Hotel Lisbon，即葡京饭店）堪称这一年代中之佼佼者。第一位也是当时唯一的当地中国建筑师黄如楷，在80年代建立了他的事业，并完成了许多开发项目。

里斯本培养出来的葡萄牙建筑师们，以其对建筑的热情和视建筑为文化产品中重要形式的传统，发现澳门是他们建筑实践的巨大的新领域。韦先礼是其中最杰出的，在超过30年的时间里，他曾在里斯本和澳门之间分别树立了自己的成功业绩。韦先礼在掌握空间、材料和采光方面的才能已经显示在他的第一个建成的项目——梁文燕培幼院中。从20世纪70年代到90年代，韦先礼的一系列设计，包括公寓住宅、澳门无线电与电视台、历史档案馆重建、世界贸易中心、澳门消防站和南湾规划等，使他成为这一时期在澳门最有影响的建筑师。他的最著名的获奖作品，1984年的筷子基平民屋村，显示了他在大体量的布局和立面处理方面和设计结合社会因素的考虑方面的才能。这项设计的社区敞开空间，在它建成后直到今天仍然适用于居民的各种活动。

在澳门创业的年轻一代葡萄牙建筑师，以许多颇有意趣的作品逐渐赢得了他们的地位。由苏东坡设计、于1987年建成的财政司大楼，以及由葡裔澳门建筑师[6]马若龙（Carlos Marreiros）设计、于1991年所建的塔石健康中心，都是利用简化的历史形式以达到新与旧的完美结合。许多活跃于90年代的建筑师较少考虑结构实施的实际问题和细部的构造原理，他们更感兴趣于对以抽象形体和轴线旋转所作的几何图形的运用。然而，由于他们天生具有拉丁人对历史和环境的敏感性，在另一方面使他们的才能得到均衡，因此他们仍然以创新的和敏锐的方案崭露头角。例如H. 品托（Helena Pinto）的消防总局（1993年）和雅迪（Adalberto Tenreiro）设计的嘉模游泳池（1995年），两者都运用了倾斜的几何图形并致力于与周围背景的联系，前者树立了与原有历史建筑物的视觉对话，后者则将其竖向的交通围绕着一个环形天井中的古树。

为了适应本地界内迅速的城市扩展而取得更多新的城市用地，澳门政府在20世纪末的20年里进行了一些土地开拓。在外部海湾和南湾圈地的新填筑地区，其城市设计是颇为有名的，并已部分建成。随后，行政当局还着手进行了一系列的公共的和单位的建筑物的建设，为葡萄牙建筑师提供了20世纪末最后的舞台。

22 南湾新开发区

葡萄牙建筑在澳门的"演出"于1996年以大三巴牌坊历史遗址重建而戏剧性地结束了，此时距将该岛交还给中国仅剩三年。这项工程，随同一系列由葡萄牙政府在90年代——其殖民统治结束前夕——所领导的广泛的、在建筑与城市规模方面的历史保护工程，无疑都带有意识形态的意义。[7]由天主教耶稣会于1582年所建的圣保罗大教堂（St. Paulo Cathedral）标志着葡萄牙在澳门的殖民统治的开端，并且它也许是在远东的最美丽的欧洲式教堂。它那壮丽的花岗石立面历经几个世纪的战与火得以幸存下来，并成为澳门最重要的城标和肖像。里斯本的建筑师C. 达·格拉萨（Carrilho da Graça）[8]在他竞赛获奖的重建工程设计中，使用混凝土、石料和钢材，重新创造了一个具有历史联想的空间。这座纪念物不仅留下了罗曼蒂克的葡萄牙殖民统治的印记，也为澳门提供了一个葡萄牙当代建筑精华的绝妙展示。

致谢

作者对 T. 科万博士、F. 李粹福博士与 L. 迪斯特万博士审阅原稿表示衷心的感谢。

同时，作者也对为本书提供插图的下述单位和个人表示衷心的感谢：Artech 公司、福斯特事务所、汇丰银行、建筑署、香港大学、C. 达·格拉萨建筑师事务所、Sheman Kung 建筑师事务所、李祖原事务所、洛特斯建筑师事务所、安东尼·Ng 建筑师事务所、H. 品托建筑师事务所、严迅华设计事务所、何弢建筑师事务所、雅迪事务所、Jung-Sheng Ting 和 Fang-Yi Lin、《建筑师杂志》（台湾）、王欧阳建筑事务所。

注释:

1 台湾于 1624 年至 1662 年一度为荷兰侵占。

2 E. 赛特语,见《文化与帝国主义》(*Culture and Imperialism*),第 109 页,纽约: Vintage Books,1994 年。

3 贝聿铭于 1954 年应邀设计新校园。陈与张应贝之邀参加设计组并迁至台湾,陈与张因而主持了大部分设计项目。

4 公和洋行于 1868 年开始其香港的业务,而利安建筑师事务所则始于 1874 年。

5 《对话:建筑+设计+文化》(*Dialogue, Architecture + Design+ Culture*),1997 年 香 港 特 刊,the Changing Urbanism,台北,第 94 页。

6 葡裔澳门人(Macauese),是指其父为葡萄牙人,母为中国人的一种具有跨种族背景的人。

7 在近十年内,澳门文化署指定约 150 幢历史性建筑为应予以修缮并保护的纪念文物。

8 在此次邀请竞赛中,C. 达·格拉萨与韦先礼合作。

日本的20世纪建筑

铃木博之

一、"和魂洋才"的现代化

在近代化过程的初期，亚洲各国均以西欧近代主义的明快模式为目标发展迈进，其中，在摄取西欧文明的同时如何权衡本国文化的认同成为非常重要的课题。在日本，使用的是"和魂洋才"一词，采用的方法是技术文明向西欧学习，而文化的价值尺度则尊重本国的传统。这也是亚洲其他国家展现出的姿态，中国的"中体西用"，韩国的"东道西器"，均有着同样的内涵。然而，技术文明与文化价值尺度是否能够分离开来进行摄取？技术文明难道不含有思想吗？在保留本国文化价值观的同时，把技术文明当作无色透明的东西加以摄取是否可能呢？尤其对建筑来说，作为技术产物的同时，还具有表现力，单是这一点，就使问题陷于难解状态。在摄取现代建筑的时候，把技术与表现分离开来是否可能呢？而且，表现具有中立的技术和文化的认同性，把这两者分割开来是否可能呢？在日本近代建筑中，把建筑纳入技术领域的倾向根深蒂固，正因为如此，建筑被确信为客观的东西。

在所有文化瞬时间相互接触的现代，我们创造出的东西中所固有的文化价值是否还能够继续存在呢？在以欧洲为中心的现代化的进程中，站在接受现代成果立场上的亚洲各国，看到完成了现代文明的现在，又开始重新审视自己的文化传统。当今，我们是否应该考虑全球化规模的社会正在成立？亚洲各国的"和魂""中体""东道"之类已经消亡了吗？只要建筑不能与其建设的"场所"相分离，世界建筑的理想完全收归于同一轨道上是不可能的。

亚洲各国建筑现代化的历史可以说是在固有性和普遍性之间摸索其表现的历史。日本建筑与西欧正式接触是在1868年明治维新以后（关于此，西欧人有的说是1853年佩里来航以后，有的说是日美亲和条约缔结的1854年，其实情况是完全相同的），当时的西欧建筑是历史风格的复兴，日本便学得了复兴主义风格。由于日本是从英国直接学习建筑，19世纪后期在日本也建成了许多维多利亚哥特式的建筑。

明治维新以后，设立了为培养建筑师的高等教育机关工部大学校，这里的建筑教育只是教授设计建造西欧建筑，而不是在技术上学习传统的日本建筑。学习西欧建筑，使得日本能建造出像西欧各国一样的都市，是这一时期日本的国家目标。

进入20世纪，西欧现代建筑运动兴起，日本也受其影响。勒·柯布西耶、赖特等人的建筑理念被日本建筑师认真学习，这之前，新艺术运动、分离派、表现主义等也被介绍到日本并付诸实践。如此这般调查"引进的"历史，证明西欧的现代运动、前卫运动在日本也曾经存在，这项工作确实有意义，但其结果除了说明日本也曾存在前卫之外无法得出其他结论。为什么这么说呢？前卫运动不是被介绍、被学习的东西，而是自我发现创造出来的。在此，应该尽可能捕捉"前卫"一词本来的意思，试图思考日本前卫建筑的独自性，进而思考其特殊性是在何时与世界建筑运动对接的。在这种意义上，有关日本文化固有表现的运动不如说是展示日本的主体性。

在日本现代化的过程中，与日本建筑固有性相关的建筑师们可以分成几种倾向。在此，把他们分为三种派系进行考察。

第一派是创作出被称为拟洋风建筑的一类。他们中的很多人是江户时代以来的工匠，保持着原有的技术。他们利用自己修得的日本传统建筑技术，创作出西欧风的建筑形态。他们从日本建筑中，选出与西欧建筑类似的样式，像运用古典建筑手法那样使用它们，产生出西洋风的建筑。这批人的存在是非常有趣的，创作出的建筑作品也非常有意思。它们的存在是正规西欧建筑在日本建设前过渡时期的产物，采用的手法是碰撞中通过模仿接近西欧。拟洋风建筑在19世纪末便完成了它的历史使命。

第二派是皇族工匠和数寄屋工匠们的存在。虽不能说是革新的存在，但他们的存在在迈向现代化的日本是绝不能忽视的。从江户时代开始，他们在幕府和大名之下，建造了宗教建筑、军事建筑和住宅建筑，明治维新以后，他们的建筑也继续受到政府和高官们的青睐。虽然有人认为他们的建筑是反动的建筑，但这样的建筑并没有因此消亡，这是因为它们在一定意义上是国家民族认同感的证明。这不仅在国家建筑物上，更在私有建筑物上得到体现。但是，这些建筑虽说与西欧建筑相背离，但并不是朝向前卫开辟出一条新的道路，因此，不能把它们看作前卫建筑。可以说它们是日本独自的复兴主义，或者说是其本土精神。

第三派是由学习了西欧建筑技法的建筑师们进行的日本传统建筑的尝试，其早期实例出现在明治二十七年（1894年）到明治二十八年（1895年）这一时期。奈良县厅舍是依据和风意匠进行设计的，设计者是长野宇平治。该设计据说是由于考虑到朝向奈良公园的景观，是否是有意识地尝试和风还不明确，但设计本身表现出有意摄取日本建筑的成果。同年，康德尔设计了尝试和洋折中的建筑"唯一馆"，由此可以看到出自西洋人之手的真挚设计。

之后，建筑师对日本建筑的设计应用转到了被称作"帝冠样式"的钢筋混凝土结构、由大屋顶设计构成的公共建筑上，还有的着眼在新兴数寄屋等住宅建筑的现代化上，在分化的同时不断展开。这一时期，有两种潮流并存：其一是把西欧的复兴主义当作日本建筑的主题加以应用，想在样式建筑中得到磨炼；其二是试图表现日本的民族固有性，抱着文化方面的兴趣。

不管是帝冠样式，还是新兴数寄屋，这两者中，难道不存在精神距离吗？有一种观点，是把帝冠样式确定为日本法西斯的建筑表现，当作一种右翼思潮，应该说对帝冠样式不能一概否定，仅凭此观点不能说明帝冠样式的所有内涵，当考虑到日本的右翼思想并非具有造型理念，上述结论是否可以说不太确切呢？举例来说，日本的军部对建筑抱有提出造型论这样的兴趣是不可想象的。建筑师以其独自的理解，与其说是深思熟虑的结果，不如说只是他们对前卫表现憧憬的产物。

新兴数寄屋倾向也是在寻求日本建筑与现代生活相

适应的方法的同时，不能说没有探求日本文化表现的民族主义情结。只要还试图继承传统，帝冠样式与新兴数寄屋这两者都会围绕"欧洲外围地域的现代化"这一课题产生瓜葛。一方面，这里有复兴主义的成分，但本质上，传统对周边各国来说是独自性的源泉，是能与前卫相联系的要素。

这里，还可以补充一种方向，它不单单是采用日本传统模式的狭隘想法，而是以手工的方式追究装饰，获得自己的认同性。在西欧，这是艺术与手工艺运动的艺术家们探索的方向，在日本，探求手工业装饰的动向中，这种类型也是存在的。具体来说，今和次郎的探索就属此列，他提出了镶嵌有极其精致装饰的毕业设计，不久，像临时性房屋装饰社那样，从事手工建筑的创作。他本人并没有全力以赴地持续从事建筑设计，但他的存在绵延下来，直至形成"二战"后的一支流派。其中，有村野藤吾和今井兼次，早稻田大学培养的建筑师们占据了其中重要的位置。但是，他们被真正理解是在"二战"后。

二、日本的前卫：从分离派到丹下健三

1920年，为教授西欧建筑来到日本并把其建筑师生涯全部奉献给日本的英国人 J. 康德尔在东京去世，同年，毕业于东京帝国大学建筑学科的16名毕业生中的石本喜久治、崛口舍己、龙泽真弓、矢田茂、山田守和森田庆一等六人举办了小型作品展，不久，他们的作品、论文和宣言《分离派建筑会作品集》于1920年由岩波书店出版。这是作为日本最早建筑运动开端的分离派的开始，也是日本建筑前卫运动的先兆。

之后，1923年创宇社，1924年MAVO团体，1927年日本国际建筑会，1930年被称作新兴建筑师联盟、DEZAM的京都大学团体，1932年日本青年建筑师联盟和建筑科学研究会，1933年青年建筑师俱乐部等相继产生，其中一些团体不到一年就消失了，但是，从大正中期到昭和初期，众多建筑运动兴起的意义是很大的。把它们在日本建筑中归结为现代主义运动是容易的，然而，仅凭此标签，无法理解这个时代建筑师们的思想。

从众多建筑运动中，拿出其先驱分离派来，通过考察他们在追求什么、排斥什么，进而探寻这个时代建筑师的思想。

在《分离派建筑会作品集》的卷末登载了六位成员表明各自立场的论文。在此，虽然记述了他们标榜新建筑的斗志和梦想，但其背后，言语中飘动着相当程度的悲怆感。

首先，论文集的首篇揭载的是石本喜久治的"建筑还原论"，其中谈道：建筑是一种艺术，请承认这一现实。这与其说是宣言，不如说是以近乎哀诉的语言开篇。他在对谁诉说呢？与其说是对社会，不如说似乎多少存在着具体的假想对象。

接着登载的是崛口舍己以《我对建筑的感想与态度》为题的论文，并以"建筑就是艺术"为自己论述的开始，我们"从过去的建筑圈分离，为创造具有真正意义的新建筑圈"而起。提出这种宣言的他为什么一定要首先倾诉建筑是艺术呢？

关于这一点，随着论文的展开也就自然理解了。发表"不平录"的龙泽真弓谈道："关于近来工学的进步，建筑结构与材料有了很大改良，其结果，结构万能论也逐渐横行开来。"矢田茂的论文题目是《从怀疑到自觉》，在论述欧美新倾向的同时，谈道："日本所谓的凌驾一切之上的结构派，除了结构之外一无所知。"

更为鲜明的论述是最后写下"关于结构派"论文的森田庆一。"结构派是试图把建筑表现的大部分以结构学来解决的一派，其根底上牢固的结构学知识是必要的。"但随之他转向了下述激进的言辞："他们拼命努力进行结构学的研究，其间，并没有拓深他们生命的源泉，而是不断干枯，当他们认为掌握了结构学的瞬间，源泉已经干枯了，但他们并没有意识到，还以高昂的斗志叫嚷着结构万能，然后，把石块和砖砌筑起来，把铁加以铆接，把混凝土灌满模架，这样的建筑师并不少见。"

看了这些文章便可以理解，日本建筑运动的先驱分离派在从根本上反击同时代的结构派及结构万能派的同时，表明了自己的立场，即建筑＝艺术。

有关其背景，西山卯三早期在《日本折中主义与我国的建筑运动》一文（《建筑与社会》，1927年6月）中这样谈到分离派："工部大学校的造家学在行会制度废止三年后的明治八年开讲，如此，培养新政府必要的新型工匠、工人、工业主管的机构得以整备。最初，是以工人教育、工程师技术教育为前提的。"这样，必然引起了生产形式的造型家（图案家）与意识上存在的建筑师（艺术家）之间的冲突。"这一冲突是在始自西欧分离派否定过去形式的运动（所谓传到日本的结构派）的刺激下产生的，但是，完全特异的事件，在日本却不是对艺术进行否定，只是用否定的方法来表述艺术本身。野田俊彦有名的建筑非艺术论是其最集中的表现。"

这里谈到的"建筑非艺术论"是1915年毕业于东京帝国大学的野田俊彦毕业论文的一部分，由内田祥三推荐在1915年10月的《建筑杂志》（日本建筑学会机关志）上发表。其中心思想是把建筑看作实用品，否定其唯美的风格主义。由此可以看到现代建筑非装饰表现的合理主义的美学萌芽，但其主旨还在于建筑是技术的产物，遵循的是工学的技术主义。

分离派成员谈到的"结构派"，在野田的论文中也有所论及。它具有两面性格，即维也纳分离派代表的现代建筑先驱与日本的经济合理主义重视结构技术的态度，主要还是聚焦在后者身上，并作为假想的批判对象。

野田俊彦的理论是引用了他的老师佐野利器论及的重视实用的建筑观。上文提到的西山卯三认为，日本的建筑教育是明治时期以来技术教育性格的延长，但对此确实有必要进一步研究。

奠定了日本西洋建筑教育基础的J.康德尔和辰野金吾关注的是作为艺术史基础的风格教育，这也是1893年帝国大学导入讲座制时保持下来的性格。"结构派"是在对明治时期建筑体制修正的基础上抬头，"分离派"更是以反击结构派的面貌登场。

正是由于上述的两次反复，分离派才得以起步，换句话说，应该作为它们反击对象的学院派建筑理念是与"结构派"相关的，这是日本建筑运动充满苦衷的原因。

在此，把日本"前卫"赖以存在的东西分成三种要素来分析，即民族固有性、创造性的装饰与工业水平。前卫具有与20世纪初机械美学相关的美意识，工业水平对前卫建筑具有决定的重要性是可以肯定的，但对欧洲周边国家来说，国际主义与民族认同感这两者的矛盾常常是无法忽视的问题。而且，所谓机械美学，画每一条线时都要追求创造性的装饰，这也是固有性探求的一种。

　　"二战"后，特别是进入50年代，这三种要素作为建筑师的归依所，充满了现实气息。其象征作品是秩父水泥第二工厂。秩父水泥最初工厂（第一工厂）建于大正十二年（1923年），昭和二十九年（1954年）第二工厂建设委员会设立，委员会参加者除了以诸井贯一为首的公司成员外，还有作为建筑专家的东京工业大学的二见秀雄、谷口吉郎、加藤六美教授，其中承担设计的是谷口吉郎。由于朝鲜战争后的经济景气，有了对建筑进行充分对待的余力。

　　20世纪50年代，战败后的日本通过1951年签订的《旧金山对日和平条约》——尽管经济条件不充分，但还是重新回到国际社会——开始进入与世界处在同一状态的时期。民族的东西与国际的东西相互间不再是对立的，而是处在更为相近的位置。这就使得进步充满希望，可以说是正义占据了技术的时代。

　　被称为进步派的建筑师也好，被称为保守派的建筑师也罢，在这个时代，彼此之间的距离更加接近。很明显，风格的复兴已经终结，建筑师们不再谈论像帝冠样式这样的"日本趣味"，一切都很平淡，描绘着对现在和未来的希望。从一个侧面看，贫瘠的确侵袭着人们，建筑师们的表现及支撑他们的理念收敛在极其狭小的空间内。公共建筑只是贴上石材和瓷砖，混凝土和木材也尽可能采用很少加工的外装，这样，具有"清贫思想"的现代建筑的产生也许就是理所当然的事。

在大多数建筑师20世纪50年代的作品中，始自"二战"前的美意识重新抬头。以混凝土结构为依托的作品不断产生，所采用的大多是基于日本建筑及住宅建筑的美意识。坂仓准三和前川国男通过在勒·柯布西耶的造型中毫不在意地加入日本贵族住宅的构成及厢的细部，开始了战后混凝土结构建筑的建造。与之相对，丹下健三重复的是日本的神社与寺院这样的宗教建筑。广岛和平纪念公园的规划（1952年），酷似当地严岛神社的构成，丹下健三设计的香川县厅舍（1958年）是五重塔或阿弥陀堂的形式，再现的是一间四面堂的平面设计。相对于崛口舍己和吉田五十八等人试图把住宅建筑的美意识纳入现代建筑中，丹下的直观是异质的。但是，他从寺社建筑中抽出的结构体，通过之后新陈代谢派建筑师之手，在混凝土结构中全面展开。菊竹清训的京都国际会议场方案（未实施。1965年竣工的是大谷幸夫的设计竞赛中选方案）和东光园宾馆（1964年）、矶崎新的空中都市设计方案（1962年）等，这些把日本传统的木结构通过混凝土结构加以实现的巨大建筑不胜枚举。正是丹下，在其中最早进行了尝试。

20世纪50年代的日本建筑追求国际主义，或者说追求新的民族认同感，出现了多种尝试，如果说它们之间有共通之处的话，那就是值得信赖的新材料和新技术。这并不是指已经达到感性境界的材料和技术的存在，而是指对这种材料和技术信赖的存在。预感到前卫成立所不可缺少的技术水准在当今开始得以确保，建筑师们充满着希望。"二战"前的国际式表现，为在形式上加以实现，不得不以木结构取代混凝土结构的工法，这样的时代过去了，虽不完善，但可以采用自己想要表现的材料。同样，对民族认同感的表现来说，混凝土和钢结构开始成为其造型的前提。

在观察前川国男的建筑时，与其特质很相应的是以墙壁为主体的表现和抗震墙结构为中心的建筑，而在20世纪50年代，前川却向以柱为中心的建筑靠拢。是否可以说这位国际主义的建筑师在50年代这一时期最为接近民族式的表现呢？在神奈川县立音乐堂（1954年）中，可以观察到作为时代证言的该建筑中凝结着的这一时期前川的身影。谈论民族化这一概念最不抱警戒心的正是这个时代。

正统的现代主义是以什么为前提的呢？事实上，20世纪50年代，建筑师所有的精神状况均是基于工业发展水平的。民族化表现的紧张感消解了，也没有时间进行装饰的造型，在确保结构安全性的前提下，在只有简单的表现成为可能的时代，建筑师对结构与材料基础的工业水平寄予了未曾有过的期待。这就是现代社会的先驱状况。

三、战后建筑与新陈代谢派

日本现代主义建筑发生变化的时期始自何时是存有争议的。叙述到"已经不是战后"的日本《经济白皮书》发表在1956年7月；50年代后期，日本的经济水平就恢复到了"二战"前的状态。

1964年，东京奥林匹克运动会举办，与此相应，东京与大阪间时速超过200千米的东海道新干线开通，东京都内首都高速道路开始建设。以东京奥林匹克运动会为契机，日本的都市空间完全完成了"二战"后的复兴。奥林匹克运动会场馆的建筑师是芦原义信和丹下健三，但这其中，在结构设计师坪井善胜协作下设计了东京国立室内综合体育馆的丹下健三的存在尤其广为人知。该体育馆基本造型采用悬索屋顶的形态，其曲线呈现出日本式的优雅，丹下的技能也因此知名于世。

在社会经济持续增长、建筑业技术实力充实时期举办的东京奥林匹克运动会，使得建筑师怀抱憧憬，达到了最高潮。其主角丹下健三出色地标明了"二战"后日本建筑历史的转折点，之后，他的大量作品转移到以日本以外的其他国家为中心。但是，丹下在1986年通过竞赛当选为新东京都厅舍的设计者，新厅舍于1991年建成。在此，他回答了巨大建筑如何才能赋予其与日本首都的象征相吻合的建筑表现，他采用的是脱离开功能主义的形态，只是赋予其装饰的外形。另一方面，1960年日本年轻建筑师掀起了新陈代谢派运动，其成员有建筑师浅田孝、菊竹清训、黑川纪章、大高正人、槙文彦，设计师栗津洁、荣久庵宪司，评论家川添登。"新陈代谢"这一名称是意味着代谢的生物学用语，选择这样一个名字，此派的意义几乎全部表达了出来。

新陈代谢派建筑的形象并非采用使现代建筑得以成立的机械的形象，而是与生物相类似的建筑。这一运动可以说在标明现代建筑终结的同时，指出了建筑向着更为多变、更为机器人的表现方向发展。更好显示这一进程的事件是1970年的大阪世界博览会，会场的规划设计与东京奥林匹克运动会一样，仍由丹下健三负责，但大量的实际展示设施是由前新陈代谢派成员设计完成的。被认为是实现了英国阿奇格兰姆（Archigram）派建筑梦想的博览会标志塔是菊竹清训的设计，新陈代谢派最年轻的建筑师黑川纪章也以他的仓体理论为依托，设计了展示馆。但是，通过世界博览会确定下前卫建筑师地位的并非只有黑川一人，起到更为引人注目作用的是矶崎新，他作为丹下健三的弟子，设计了世界博览会中心基干设施"节日广场"。在此，也可以发现阿奇格兰姆派建筑的形象，但这是在新陈代谢派建筑形象延长的基础上实现的。

通过奥林匹克运动会和世界博览会，日本现代建筑得以完全成熟。1966年竣工的皇居旁大楼是日本高技派建筑的先驱，1968年建成的霞关大厦是日本最初的超高层建筑，同时，占据都市中心的办公大楼作为现代建筑在60年代也相继建成。

自此，直到20世纪90年代，使日本都市面貌发生巨大变化的大规模的开发和再开发持续进行，如果从规模方面来思考，这些可以说是新尝试的继续，但具体手法则是60年代末已出现过的手法的应用。使之成为可能的不是建筑问题，而是经济问题。

四、面向21世纪的各种动向

超越现代建筑的动向始于20世纪60年代末，建筑中新的方向性展现在对脱离开国际主义这一要素采取什么姿态上。后现代主义被认定为着眼在建筑中文化的符号表现，批判的地区主义建筑则关注材料和表现上固有的东西，与建筑的普遍性相比，更强调在建筑的表面呈现出个别性。

不仅在建筑上，在许多领域都意识到现代的终结，随之，重新审视现代所标榜的普遍性被提上了意识日程。普遍性总有其成立的前提和范围，现代的普遍性是以西欧现代男性中心社会为前提的，一旦对这一前提提出疑问，实际上现代的普遍性就不再是普遍的了。具体来说，当非西欧社会的视点、女性的视点显露出来时，现代的普遍性概念就会产生很大的动摇。建筑上，对文化符号所具有的意义及对地区主义表现所具有的意义的关注，在很大程度上与大范围文化意识的变化存在着关联。

20世纪60年代末开始的这种倾向基本上决定了现在建筑的价值观，具有很大的意义。特别是在日本，如何思考建筑的国际性与固有性这两种相对立的要素常常成为很大的问题。

自古代开始，处在中国文化影响下的日本，如果说其文化表现的源流均来自中国是毫不为过的。佛教传到日本后，建筑文化、寺院建筑开始按照中国的建筑风格进行建设，从中国传来的建筑也对寺院以外的建筑产生了很大影响。在中国的影响下，日本的文化表现产生出这样一种结构，也可以说是日本文化的基本结构。因此，就陷入了这样一种困境，这些东西虽是先进的，但本质上并不是日本固有的。

这种精神，在明治维新后日本正式开始摄取西洋近代文明时，也采取了完全相同的形式。代替中国的是西洋，意识到的是其文化的先进存在，在西洋的影响下，产生出之后的日本文化表现。因此，同样的困境呈现出来，这里也是存在这样一种先进的价值观，但本质上并非日本固有的东西。

　　"二战"后最初把现代建筑的表现引入法政大学校舍而受到注目的大江宏，他后来设计了日本传统与现代技术并存的国立能乐堂（1983年）。他是丹下健三的同级生，也是同时代的建筑师，他是对现代建筑所持有的国际性与固有性这两种相对立要素最为深入思考的建筑师。他的作品呈现出的方向性，预告了迎来初期现代建筑终结的日本建筑今后可能前进的道路。

　　比大江年轻一代的建筑师们更是通过多样的表现开拓了现代以后建筑的可能性。矶崎新的筑波中心大厦（1983年），借用了西欧建筑的种种做法，是有意创作无国籍的建筑，象征着当代日本不过是由这种表现构成的状态。他的建筑，一方面是创造性的产物，同时又是批评的产物。

　　原广司自20世纪80年代起，以镶嵌有极其复杂装饰模式的建筑，试图超越功能主义建筑的界限。其代表作品新梅田大厦（1993年），把超高层大厦在空中连接起来，并把连接部开辟为空中的屋顶庭园，打破了迄今为止由人工环境构成大厦的模式。他还进行了京都车站的改建，在日本古都引起了很大争论。

　　更为年轻一代的安藤忠雄，把日本建筑的做法在大规模混凝土建筑中加以活用，并因这些作品群而广为人知。其最初的作品是1976年在大阪建成的小型都市住宅住吉长屋，他把传统的空间构成在现代建筑中塑造出来，同时扩展了建筑的可能性。之后，安藤创作了许多大规模建筑、小建筑、商业建筑、宗教建筑和公共建筑，持续的是兼具现代性和日本构成的建筑创造。他的作品不仅在日本，在国外也得到很高评价，其原因在于，在安藤的作品中，作为现代建筑最大课题的国际性与固有性这两种相对立的要素得以并立呈现。

与安藤同代的建筑师还在探索手工表现的现代建筑的可能性。石山修武、藤森照信、象设计集团等虽有着各自的不同方向，但他们的建筑都试图通过批判工业化时代的建筑表现、追求生态建筑的意识、注重手工表现等设计手法来加以实现。有人称他们的建筑是批评的建筑。

通过当代建筑高技术的表现来充分施展才能的年轻建筑师也大有人在，伊东丰雄和妹岛和世等是其代表，比他们略早一代的有谷口吉生，他们关注的是正统的现代建筑，在海外获得了很高评价。

这些建筑师的尝试，是在摸索现代日本建筑的可能性，其中或许会呈现出21世纪日本建筑的形象。（翻译：吴耀东）

20世纪韩国与朝鲜建筑的变迁

金鸿植

一、1900年以前韩国建筑概况

19世纪，全世界都在快速发展，韩国社会当时却是处于发展与混乱的时期。把它看成混乱的人，想着一定要恢复其秩序；把它看成发展的人，则主张以宏观的态度来接受先进技术并尽量利用这个机会充足我们的生活。

当时有四种主要的社会思想学派，一是主张恢复古典秩序的古典（实事求是）主义派；二是主张从中国导入发达技术的北学（利用厚生）派；三是认为应从更发达的日本学习的思想家；四是认为应从西欧列强直接学习先进技术的改化派。这些思想是从19世纪末到20世纪初一直都存在的，且对建筑发展产生影响。

（一）古典（实事求是）主义派建筑

古典的理性学者认为商业主义的发达使商人比士大夫更富有，而且商人的自由商业和无秩序行为产生的社会混乱又使社会循环速度越来越快。对于这种现象，他们认为是社会纪纲的紊乱，是对王权的挑战。所以他们认为只有恢复古代的王制才可以解决当时无秩序紊乱的市政问题。

在19世纪下半叶，大院君建造的景福宫实际上也是以复古思想为基础的建筑。他们力图通过恢复含有古典秩序的景福宫来强化王权。在国王接待外国使臣的庆会楼，我们还可以看到把《周易》的宇宙运行原理象征化的努力。

（二）北学（利用厚生）派建筑

在19世纪初，无论西洋还是东洋都处于飞跃的变化时期。尤其是中国以陶瓷器与绸缎为主，跟西洋通过国际贸易蓄积了极大的财富而越来越发达。因此，当时韩国的经济学派（实学派）主张以尽快接收中国的制度来实现我们的近代化。

19世纪后半叶，到了大院君时代，他推行锁国政策，比起与西欧列强发展关系，他更依靠中国。这样，韩国开始导入中国的先进技术。以景福宫为榜样，在宫殿内墙上使用石砖就是一个例子。使用砖建造的明洞圣堂是由韩国的匠人完成的，但是提供技术的是中国人。改化以后，韩国派遣匠人学习先进技术时，去中国的比去日本与西欧的多。北学派到改化以后一直存在。

二、1900年以后韩国建筑的倾向

（一）1900—1910年：近代建筑的产生

韩国到了这个时代开始被西欧列强侵略，因此富国自强成为国家政策的目标。为了实现该目标，改化派的意见是尽快接收西欧的发达文化。当时改化派已经占了知识分子的大部分。他们主张"东道西器"，就是把东洋的精神盛在西洋的技术上。然而，民众却不一样。他们主张"西道东器"，认为东洋的精神能救济20世纪未来，因此应当把西洋的精神盛在韩国传统的建筑上。

1.东道西器派建筑。《丙子修好条约》（即《江华条约》）以后，从与西欧帝国进行通商开放开始，为了韩国的近代化从发达的西欧直接导入建筑技术的意见占了优势。为了了解西欧列强，政府组织了绅士游览团，让他们考察西欧列强。为了进一步学习西洋的建筑技术而邀请了西洋的技术人员。德寿宫的石造殿是当时建筑的代表。在它的角落中建筑了西欧式宫殿，由英国人设计，再由日本人来完成。之后，又建造了重名殿、静观杆等洋屋风的建筑，它们是作为宫中的宴会场，全部由俄罗斯人来设计。

2.西道东器派建筑。西道东器派从进步的立场上考虑，主张不应该把市场全部交给外国，而是用自己的材料与建筑技术学习西洋面向未来的精神。他们认为韩国被西欧列强剥削的原因不是技术的落后，而是面向未来的民族思考的缺乏。通过宗教建筑可以看到以上所说的情况。其中以圣公会圣堂以及江华圣堂最有名。这些房屋具备传统韩屋技术，但是在建筑的配置法上仍然具备了把西洋观念按照东洋的方法绝妙地协调再进一步解释的技巧。在江华圣公会圣堂中，建筑物的长边不配在正面上，而是侧过来，这使我们联想起罗马的巴西利卡，又在长侧面前边设定了庭院和便门，绝妙地表现出了侧面的长边也有正面性。这就是韩国传统的技法。

1 江华圣公会圣堂

（二）1910—1930年：反封建的殖民建筑的移入

这些年中，韩民族的课题就是国家的独立并且拒绝民族经济的从属化。但是韩国已被日帝殖民化，社会腐败，民族史也被日帝断绝。外部势力强行移入殖民建筑，同时，由少数个体民族资本家扶植的新近代建筑开始出现。这样的现象从19世纪末开始一直发展，其代表性建筑有二层韩屋商家、底层石砖造韩式建筑物以及极少数小规模的现代建筑等。

日本人以殖民地的经营为目的建造的一连串的建筑完全复制了西洋建筑的样式。需要表现权威感的建筑普遍使用石造（或一般使用模仿石造的材料）或砖造以及跟石造混用的石砖造，把跟功能无关的柱子序列和圆穹顶作为象征物顶在头上。其代表性的建筑有釜山火车站（1910年）、朝鲜银行（1912年）、京城商工会议所（1920年）、朝鲜总督府厅舍（1923年）、京城火车站（1925年）等。

2 20世纪20年代的建筑

（三）1930—1945年：近代建筑移植期

在日帝殖民控制的所有的建筑活动中，大部分都被日本人所独占，韩国传统的建筑教育与技术发展都被断绝了。当时，最初的西欧近代建筑教育是为在韩国居住的日本人开办的。它是以民族文化的抹杀为目的的殖民建筑的殖民教育。但是在那些学校里受过教育的少数韩国人在解放后又成为开拓韩国新建筑的基础力量。

3 汉城市政厅（1935年）

1. 近代建筑的移植。20世纪30年代以后以商业建筑为中心，西欧的现代主义倾向开始登场。20年代早期开始以观光地为中心，出现韩式铁道火车站。这是因为20年代后在日本开始流行风土建筑，同时受了当时现代主义热风的影响。代表性建筑有水原火车站（1928年）、全州火车站、南原火车站、西平壤火车站等。

2. 民族主义建筑。无论如何，民众仍然喜欢本国的韩屋。后来殖民者考虑到韩国的气候风土，认识到韩屋的优点，于是改变主意以改良韩屋为名采取了新的住宅政策。韩屋群在20世纪20年代后在开始显露实力的房地产商的主导下产生，另外在各地方以地主为主建造的韩屋也有许多。

（四）1945—1960年：解放时期的新摸索期

解放后把没有正式政府的比较混乱的时期叫作"解放时期"。

这一时期，在建筑界出现百花齐放的倾向。这种倾向可以分成三个类别：第一，日据时受过殖民教育阶层的技术优先主义倾向；第二，纯粹主义倾向，就是把建筑看成艺术的倾向；第三，社会的民族主义倾向。后来经历了那场民族相残的战争后，第三种社会民族主义倾向就衰退了，只有技术优先主义与纯粹主义两个倾向统治了20世纪后半叶的韩国建筑界。

1. 技术优先主义倾向。受当时社会的影响，建筑界一直受殖民教育者的指导。他们都是1920年"一战"后出生的，是韩国受新教育的第一代，虽然人数不多，但是他们大都支配着官界与学界。并且他们在独裁政权下强调韩国社会一贯地主张过的地缘与学阀主义，因此政府的无数任务都集中在他们的身上。他们大部分在日据时毕业于京城高工，以朝鲜总督府技士身份工作，解放后组织了朝鲜建筑协会（1945年12月），在新政权下受到亲日派的支持并掌握了官界。50年代后半叶，为了高级教育的发展设立了大学，这些国立大学的毕业生支配着韩国社会的两个轴：官与学。这样，韩国的建筑界在很长时间有了技术优先的殖民主义的倾向。这样的技术优先主义者在解放后技术人员缺乏的年代做出了很大的成就。而且在此时也开始出现了钢筋混凝土的近代建筑，同时培养了无数的次时代的技术人员，为韩国60年代以后进入产业社会发挥了力量。

2. 纯粹主义倾向。以海外留学派为中心，主张建筑属于艺术一部分的人与艺术家一起活动。他们接受了20世纪30年代以后的西欧现代主义的影响。他们与朝鲜艺术家协会（1945年11月）以及大韩美术协会（1948年8月）等美术团体一起活动，战争后在韩国组织了建筑家协会，树立了把建筑作为艺术的目标，这样形成了60年代以后建筑发展的基础，他们的活动有时是个人的，有时只不过是理论上的。

3. 民族主义倾向。他们与殖民建筑家对立，以把韩国传统建筑形式进行现代化为目标进行活动。解放前主要以朴吉永设计事务所为中心每周开一次研究会。解放后，正式成立了组织，把理论作业活跃化，在朝鲜工业技术联盟（1945年8月）的麾下，结成了朝鲜技术艺术团（1945年9月），及时发行了能代替日据时代《朝鲜与建筑》杂志的刊物。接着在艺术部门按照自己的观念组织了朝鲜造型艺术同盟（1946年2月）与朝鲜美术同盟（1946年11月）。在地方上有全南建筑文化协会（1946年初）最早设立，并开始活动。到了1947年前期，朝鲜技术艺术团在理念上褊狭，因此重新组织了朝鲜建筑技术协会（1947年4月）。但是韩国动乱以后设立的大韩建筑学会还是否定了朝鲜建筑技术协会的活动。

（五）1960—1980年：协会的功能主义建筑

20世纪60年代初期更重视建设，因此能最大限度满足功能的功能主义建筑流行一时。到60年代末，在反对功能主义同时欣赏纯粹艺术观念的影响下，才导入了西欧的现代主义建筑。这是海外留学派在韩国开始站稳脚跟所引起的现象。

4 夫余博物馆（照片由金鸿植提供）

1.功能主义建筑。解放后，韩国的政治与经济都隶属美国，从日本曲线进口的、叫作功能主义建筑的国际主义建筑风占领了韩国。在箱子模样的形态上把长长的窗户无条件地横放着。也许在供不应求的经济复兴期供应的膨胀比生活的质量更值得关心是理所当然的，所以在当时的情况下最适合韩国的还是没有国籍的、技术优先的国际主义的建筑形式。这种形象从20世纪50年代后半叶开始，到60年代都在广泛流行。后来到了70年代则从箱子模样的国际主义建筑变迁到造型性强的现代主义建筑。

2.现代主义建筑的导入。韩国的现代主义建筑靠自己的努力开始稳定发展是从解放后受过教育的人的建造活动开始的。20世纪70年代以后，他们努力把从美国以及其他发达国家得到的信息与知识移植在本国的土地上。其代表性人物是金寿根、金重业，在70年代中期以后又出现了由他们培养的无数后继者，所以在建筑上带来很多的变化。

3.风土主义建筑的登场。到了20世纪70年代后半叶，军部独裁为了表现其政权的正当性，调动了呼吁民族情绪的民族感情，推动国粹主义的倾向，因此建筑的外形也坚持民族的形态。实际上，在新风土主义美名下包装的新殖民主义建筑与继承传统美学的民族建筑在外形上面很难区分，因此产生了很多的非议。著名的博物馆建筑的传统论争就是其代表。独裁政权要求用传统建筑的外形并与功能脱节，来建造旧中央国立博物馆。很多现代主义者非常反对这个提案。旧夫余博物馆是由现代主义者金寿根把传统重新解释后设计的，因为很多人认为它仍然具有日本建筑风格而产生了非议。

（六）1980—1999年：大规模生产建筑的建造与后现代建筑的流行

韩国社会进入了20世纪80年代才开始工业化，并进入了产业社会，同时在政治方面开始出现了民主化的热风。为使建筑在完成工业化大生产的同时解决住宅问题，前期资本主义社会的宠儿，即超高层的办公楼住宅建筑也兴旺起来了。到了90年代开始流行后现代建筑。

5 高楼林立的芬堂

1. 工业化大生产建筑的完成。到了20世纪80年代中叶以后，手工业的建筑工程开始变化为以机械为中心的建筑工程。劳动阶级在经济上的进步又促进了住宅需要。80年代以后爆炸似的建造的箱子模样的高层楼房是一个反映产业社会的断面。韩国进入产业社会的同时开始在社会上形成了现代建筑时代。西欧近代建筑的特征可以说是建筑物的大型化与玻璃、铁、混凝土等建筑材料的应用，韩国到了这时候才开始广泛使用玻璃或者铁等材料。

6 宾珠宝廊

2. 商业主义的办公建筑的兴旺。韩国社会是前期产业化社会与后期信息化社会混合的形态，因此能代表金融产业的办公楼建筑很兴旺，诞生了超高层的巨大建筑。与殖民建筑时代把西洋的造型语言、材料与技术一起引入的情况一样，冷淡以及非民间的所谓现代建筑的兴盛引起了在建筑空间中把民众排除在外的现象。从20世纪80年代后半叶开始建造的超高层办公楼建筑中，可以看到上述所说现象的片段。它们与后期的后现代建筑以及高技术建筑相同，同样是无国籍的建筑。当时韩国社会还没有设计出可以表现民族造型的现代建筑，这是由于建筑教育与传统建筑断绝了血脉所引起的悲剧。

3.后现代建筑的流行。进入20世纪90年代后，出现了后期资本主义社会的征候。一方面，为劳动者形成了产业社会的大量生产体系；另一方面，合理的内容与时髦的外形结合起来引起了所谓后现代建筑的流行。但是，很多的作品只描写了外国风的感觉，还好在高技术的作品中可以看到值得注意的几个建筑物。

（七）20世纪韩国建筑的反省与今后的课题

1. 对于前半期殖民主义建筑的反省。经过前半期殖民地时代，韩国建筑对西欧先进建筑的完全移植或者完全模仿使它丧失了民族的独创性。在这样的环境下，那些要脱离殖民地的从属性而确保民族独创性的建筑家值得我们注意。根据他们总结的民族造型语言的形式与生产技术以及他们要求的发展目标等，与现时代进行配合，可以看出历史的逆动性，使我们可以从向开放化、世界化的目标前进所产生的现在的混乱中寻找答案。

但在这样的社会当中，最要警惕的是派阀主义。它是由殖民主义者用来作为殖民统治的手段的。但在解放后，为了"冷战"体制的稳固以及接着而来的军部独裁为确保其政权的正统性将其照样沿袭了下来。属于争食链中下层地位的建筑家，只能按照腐败的官僚资本的要求设计适合他们口味的建筑物——这种建筑在体现社会正义上失败了，所以没有社会性的内容，只是模仿了先进国家的外形。

2. 对于后半期现代主义建筑的反省。韩国属于后进国家，韩国社会的现实与先进国家的建筑理论之间有相当的距离，而且一下子引进了西洋的很多思想。与对技术有了理智的反省以及随时都可能产生技术优先占统治地位的西欧不一样，韩国在没有储蓄历史经验的结果下只能模仿西欧的外形。建筑是社会艺术的反映。在这一点上，应该重视建筑与我们历史的事实是否诚实。不现实的艺术与没有真实的建筑只不过是徒具外壳的现代主义。建筑是把社会的环境进行物理构筑的艺术，因此应该确保其社会性。我们不应该忘记真正的现代建筑与近代建筑是从第三世代的手中开始的。与格罗皮乌斯的最小的住宅、闪光的城市、CIAM宣言等相对，这只是对现代的外壳的抄写，我们应该反省这一点。

在同样的脉络下，韩国的建筑界没有建筑评论，但是有很多批评家。评论是在艺术的社会真实上放置价值标准，但是我们只有批评没有内容的外壳。要以社会的反映来批评建筑的话，应该建立其时代的价值标准。在没有价值标准的情况下要先批判的话，这只不过是个人观念的思考，是一种玩笑。

3. 面对21世纪建筑的课题。

现在，韩国进入了中等发达国家的行列。但是到了20世纪末我们却处于资本主义的最大弱点——经济危机与高失业率的恐怖的困境中。韩国的课题是社会的世界化，但是如果我们没有能够确保民族的独创性，就会丧失人类文化的多样性。

毕竟，韩国建筑应该具有世界的普遍性，同时也不能丧失民族的情绪，因此我们在21世纪一定要运用高技术的造型语言，而且一定要包含传统的造型形式。但是，不管什么样的高技术的建筑，一定使用跟我们社会接近的构造技术与造型语言，因为脱离我们社会的世界化是不可能存在的。再说，在21世纪我们应该使韩国建筑能够解决资本主义社会带来的一些普遍矛盾，同时能够有表现民族特殊的历史经验的精神。现在，西欧国家主张的"第三道路"有可能与反映朝鲜王朝的理性学思想的道学政治相同。那么，如果要在建筑上实现道学政治的理性学思想的话，从通过眼睛感觉到的对建筑的要求，变迁到通过意识认识到的空间的体现，才是对新造型语言的摸索。

三、解放后朝鲜（指朝鲜民主主义人民共和国，下同——编注）建筑的动向

（一）解放后朝鲜建筑过程的分类

解放后朝鲜把现代建筑分成五个变迁过程。

1. 解放后民主建设时期的建筑。

这一时期是从刚解放到朝鲜战争开始之前的时期，当时强调应建造排除华丽的装饰以及符合人民大众美学思想要求的建筑。建筑的特征是让劳动者使用方便的同时又坚固又有文化，而且具有符合民族的情绪与现代美感的形式。

2. 朝鲜战争时期的建筑。

当时所有的建筑是以能适应战争环境的形式来建造的，尤其是建造了很多的地下构筑物。

3. 战后恢复建设以及社会主义基础建设时期的建筑。

这一时期是从1953年开始到建立社会主义制度的1960年。当时在建筑上最重要的是包含民族的形式以及社会主义的内容，而且战后为了恢复，从东欧国家引入

以工厂建设与都市建设为目标的援助，从援助国引入资金与技术。在朝鲜直接引入社会主义建筑形式，其影响持续了很长时间。

4. 社会主义全面建设时期的建筑。

这是从第一个七年计划开始的1961年到1970年，主张"建筑的科学化""建材的大型化""建材的轻量化"，以工业化为基础发展的时期。建筑形式的特征是排除装饰以及把材料规格化使用。

5. 为社会主义完全胜利而斗争时期的建筑。

这是从1970年到20世纪80年代前半期。当时的建筑以人民经济的主体化、现代化、科学化为基础，以强化社会主义的经济基础为目的。另一方面，他们也认为建筑是一种艺术，所以要设计有创造性的形式。

（二）解放后朝鲜建筑的类型分类

1945年以后，朝鲜现代建筑形式的特征分为"社会主义的现实主义建筑""民族的传统主义建筑""社会主义优越性表现建筑""造型性形态主义建筑"四个类型。

1. 社会主义的现实主义建筑。

当时的建筑受到社会主义苏联的很多影响，建筑的特征是楼层高、巨大的墙壁、笨重的柱子以及门与窗边加了丰富的装饰。它们强调垂直线，认为那是象征了为革命继续斗争的"人民大众"的信念与意志。

在建筑的中央部位与两侧面的上部放置万神庙式的顶子，在最上层窗户上部用半圆拱处理。在顶上偶尔用雕刻装饰或者设置栏杆。雕刻的主体以"人民的伟大胜利""社会主义历史纪念""自主精神赞扬"为主要表现形式。在配置以及平面的构成中强烈地强调中心轴线与

7 平壤大剧场

8 人民大学习堂

9 万景台青少年宫

10 平壤滑冰馆

对称性。这样的社会主义的现实主义建筑样式多表现在公共设施上。代表性建筑有朝鲜革命博物馆、朝鲜美术博物馆、牡丹峰剧场、平壤火车站等。

2. 民族的传统主义建筑。

这是传统样式的建筑。进入20世纪60年代，对于"怎样表现包含社会主义内容的民族的建筑样式"的方案来说，就是把传统建筑的屋顶与斗拱应用在现代建筑上。这种建筑样式中最早期的就是1960年8月竣工的玉流馆以及平壤大剧场。人民文化宫也是属于这种样式的建筑之一。尤其是位于平壤最中心部的人民大学习堂（1982年4月），为巨大都市的标志。在东侧正面有金日成广场，在广场的对面有大同江，过了大同江有主体思想塔，它们形成了都市的东西轴线。我们可以明显地看到在都市的最中心广场上配置传统建筑的那种把都市的象征性与民族建筑样式结合的意图。

3. 社会主义优越性表现建筑。

这是从20世纪70年代开始在与韩国竞争的情况下出现的竞争类型。它们要向人民表现"主体精神"的优越性。它们把建筑的功能与效率放在次要地位，而首先强调把朝鲜社会主义的优越性通过建筑表现出来。代表建筑有主体思想塔、凯旋门、高丽饭店等。

4. 造型性形态主义建筑。

这是1970年以后出现的建筑样式。它们与金日成领导的时期在时间上一致。当时建筑家认为建筑也是艺术的一种，出现了禁止在建筑设计上出现类似与反复的风潮，同时要求建筑形态应有多样的创造性。代表建筑有圆锥形的平壤滑冰馆、万景台青少年宫、平壤滑冰馆、平壤杂技场、平壤青年中央会馆和五一竞技场等。

朝鲜的现代建筑样式大致分为两类，一是依据外部影响发展出来的建筑样式，二是依据内部发展形成的建筑样式。如果社会主义的现实主义建筑样式属于前者的话，民族的传统主义建筑样式就属于后者。有的样式持续至今，有的只是在一段时间突出地表现了一下。

此外，还有大量直接为人民大众生活服务的建筑，如住宅、医院等。它们应是最实用、最能表现时代精神的建筑物。（翻译：潘宜勇　朴英玉）

11 平壤杂技场

12 平壤妇产医院

本文第三部分图片由朝鲜民主主义人民共和国建筑师协会朴吉欧提供

长岛孝一
马国馨
龙炳颐
金鸿植
傅克诚

评选过程、准则及评论员简介与评语

评选过程

1996年，在巴塞罗那第19届世界建筑师大会期间，长岛孝一和张钦楠便开始着手制订本卷评论员人选名单，所达成的共识是：两名评论员来自日本，一名来自韩国（联系韩国和朝鲜）；两名来自中国内地，一名来自中国香港（联系香港、澳门和台湾地区），也许还要邀请一名外来者。后来便形成了现在的人选名单，其中长岛孝一（日本）和金鸿植（韩国）分别代表各自国家的建筑评论员小组。

完成准备工作之后，本卷主编于1997年在北京召集了所有评论员参加的聚会，会上评论员们分别介绍了他们初步的评选结果，项目总数超过了200件。日本和韩国的项目是他们各自的评论员小组第一轮的评选结果，中国内地推荐的项目是在初步听取了30余位建筑师和专家意见的基础上评选出来的。

会议期间，评论员们同意总主编K.弗兰姆普敦教授提出的三项标准作为评选的基础，即类型、时间和代表性，投票将通过邮递进行。

长岛孝一在回国后，发现对不熟悉的其他国家的项目进行投票很困难，遂在征得弗兰姆普敦教授同意后，他建议由日本的评选委员会（铃木博之教授任顾问）选出日本的35个项目，同时参考其他评论员的意见，特别是中国的傅克诚和马国馨，他们的博士论文都是关于日本建筑的研究。

信函也发给了蒙古和朝鲜的建筑师以征求他们的推荐意见。G. 米亚格玛（Gombian Myagmar，当时的蒙古建筑师协会主席）返回了五个项目的推荐意见。

1998年1月，四位评论员进行了计票工作，获得三票以上的项目入选，获得两票的项目则由主编决定。

投票后不久，就听到了评论员们的抱怨，都认为他们各自代表地区入选项目的数量不够。主编也认为，像东亚这样一个覆盖面大且复杂多样的地区，总条目只有100项不足以涵盖所有国家和地区的代表作品，他欢迎在100项的框架内进行调整的任何建议，特别是来自评论员们就他们各自国家和地区的项目如何选择的建议，但没有收到进一步的意见。

投票后，收到了朝鲜朴吉欧教授关于12个项目的推荐意见，其中的一些项目已经在投票表上，对这些推荐意见也予以了适当的考虑。

日本建筑师学会的安田雅子女士在从日本建筑师和相关渠道收集资料中付出了很多努力，但截止到1999年3月，35个项目中的两个项目的资料还没有收到。这样，在协商后提出了另行选择两个项目（一个出自中国内地，一个出自中国香港），并提出如果在出版前资料能够按时送达，两个日本项目仍可入选其中。

在此，本卷主编和总主编感谢所有评论员、综合评论作者和顾问所做出的艰辛努力，大家相聚在一起，共同把东亚地区的"集锦"呈现出来，其中包含了具有相当差异的政治、经济、文化背景和建筑发展。

傅克诚

1936年生，1960年毕业于中国清华大学建筑系，遂入建设部建筑设计院从事建筑设计工作，1970年作为副教授到清华大学任教。1989年至1991年，任东京大学访问学者，并取得了工学博士学位。1992年至1995年，在日本从事设计工作，从1995年开始，出任上海大学建筑学教授。她曾在众多日本的大学中举办讲座，主编有《著名日本建筑设计公司代表作》（1998年）一书，并有多本建筑学著作面世。

评语

东亚各国和地区均有着很长的历史和各自成熟的建筑文化。进入20世纪，由于西方近现代建筑的影响，它们无一例外地都面临着"传统与现代如何结合"的共同课题。

伴随着各自的现代化进程，东亚的建筑师创造出了与各自技术发展相顺应的代表作品，符合了各自独特的生活方式、经济条件和意识形态。在一个世纪不断完善的过程中，他们的作品赢得了世界的关注。

在为本卷选择建筑作品时，我牢记上述史实和特色，同时充分尊重其他评论员对各国和地区作品的推荐意见，使所选作品能够经受住时间的考验并获得普遍的认同，我个人的推荐意见是基于我对中国建筑和日本建筑的知识背景做出的。

金鸿植
韩国明知（Myongji）大学教授。

评语

从整个20世纪评选出30件作品是非常困难的。1960年以前，作品数量并不多，而1960年后，有大量作品值得关注。

有三位教授被邀请来协助选择作品，当我们之间无法达成共识时，我不得不做出最后的决定。评选小组的成员是：金鸿植、李相河、林昌卜、朴吉永。

基本的评选原则如下：

1.当建筑的业主和建筑师都是外国人时，我们拒绝考虑；

2.即使建筑师是外国人，如果建筑的业主是韩国人，而且该作品在当时具有广泛的影响力，我们将愿意选择；

3.如果可能，一名建筑师只选择一件作品；

4.所选择的作品应具有先进性和广泛的影响力；

5.20世纪初期对我们的人民来说是一段阴暗的时期，没有更多好的作品，与20世纪后期相比，只有少量的作品入选，该结果是与这两个时期出现的作品数量相应的。

20世纪各个时期（以20年为一时间节点）的主要

特点可以理解如下：

1900—1919年，为建设富强的国家而奋发努力：

东道西器的结合；

1920—1939年，国家独立：

拒绝从属于国有经济；

1940—1959年，国家自力更生：

经济复兴的努力；

1960—1979年，国家经济工业化：

政府民主化；

1980—1999年，信息时代：

实现福利国家。

总之，我希望有更多的韩国作品入选。

龙炳颐

生长在香港，获得美国俄勒冈大学建筑和亚洲研究硕士学位，之后回到香港，1978年在何弢建筑师事务所就职，1983年进入香港大学，现任建筑学教授。他被香港特别行政区行政长官委任为香港政府古物咨询委员会主席，已在此岗位工作了十年。他还被委任为城市规划署委员和为城市更新而设立的土地发展公司执行委员会委员，也是香港青年联盟主席。他是研究中国传统民居建筑和香港建筑遗产的世界权威人士之一，曾应邀出版了许多著述，其中有《世界民居建筑百科全书》（P. 奥利沃主编，1997年）和《香港史》（王冠武主编，1997年）。1985年和1990年，他与中国的主要建筑院校、英国皇家建筑师学会和香港建筑师学会联合组织了两次有关"中国建筑教育"的研讨会，极大促进了中国建筑学鉴定体制的建立。考虑到他对香港社会的贡献，他被推选为太平绅士（JP）并荣获大英帝国员佐勋章（MBE）。

评语

由于只能评选出不超过16件建筑作品来代表20世纪香港、澳门和台湾的建筑发展，评选标准限定如下：

1. 建筑作品具有重要的政治、经济和社会地位；

2. 建筑作品在建筑设计上具有重要意义，是那个时代的代表作品；

3. 建筑作品是那个时代具有影响力的建筑师的作品；

4. 具有广泛的社会影响，比如集合住宅；

5. 对城市发展做出贡献。

在考虑上述评选标准的基础上，评选出的建筑作品还就下述各点进行了权衡：

1. 在每一地区作品的重要性，比如在香港、澳门或台湾；

2. 三个地区中同一阶段的建筑作品；

3. 作品在与其他地区比较中的重要性，比如香港与澳门或台湾相比较。

很遗憾，香港、澳门和台湾三地只有16件建筑作品入选，特别是对香港来说，在过去20年间，在所有亚洲城市中，其经济和社会的发展是最快的。香港和台湾在这20年间的许多建筑作品出自本土建筑师之手，他们有的是在本土接受建筑教育，有的则是在海外接受教育后返回香港或台湾来工作。这是建筑发展的重要阶段，大量由本土建筑师设计的作品收录进来，反映出这一地区建筑、文化、经济和社会的发展状况。

马国馨
工学博士，中国工程院院士。

1942年生于中国山东，毕业于中国清华大学建筑系，后入北京市建筑设计研究院从事建筑设计工作。1981年至1983年，在丹下健三都市建筑研究所研修。1991年获得清华大学建筑学专业博士学位，1997年被选为中国工程院院士。他的代表作品有北京国家奥林匹克体育中心（1990年）和北京首都国际机场扩建（1999年），著有《丹下健三》（1989年）等书，并有大量论文和其他著述面世。

评语

建筑是人类历史的伟大记录，是集科学技术、艺术和哲学于一体的伟大创造。东亚地区在建筑创造历史上有着光辉的传统和过去，为人类留下了宝贵的文化遗产，形成了独树一帜的建筑体系。

建筑又是一个复杂的社会现象的反映。在20世纪的百年当中，随着现代建筑运动的发展，东亚各国在各自的成长和发展过程中，留下了反映这一时代的记录。当然，由于社会、政治、经济和文化背景条件的差异，形成了不同的价值观念和美学追求，加上自然环境和地理条件差异，必然在城市和建筑上有所反映，因此在实例的选取上力求能较真实而全面地反映20世纪各个时期具有特征性和时代性的建筑艺术作品。尽管由于篇幅所限，有的精彩实例不得不割爱，但在总体上还能使人们对本地区百年的前进轨迹有一个比较完整的认识。

随着世界的日益多样化，世界性和地区性联系的增加，信息系统的网络化，各国和各地区间的交流日益扩大，多元共存已成为人们的共识。这也促使建筑师做出更大的努力来迎接新的挑战，这一地区也将以更新的面貌来迎接即将到来的21世纪。

长岛孝一

现任AUR顾问公司主要合伙人、横滨国立大学和早稻田大学客座讲师。1961年获早稻田大学建筑学学士学位，1964年获哈佛大学研究生院建筑学和城市设计硕士学位，1964年至1965年在雅典城市及区域规划中心进修，随后从事建筑实践，曾在多家设计事务所工作，其中包括槙文彦事务所，直到1976年成立自己的设计顾问公司AUR。其间，曾负责新加坡大学研究生城市设计课程的创立。除从事设计和顾问工作外，还拥有大量著述并举办众多讲座，获得一系列重要奖励。1992年至1996年，担任国际建筑师协会理事会成员，并在中国北京第20届世界建筑师大会上发表了"未来建筑学工作纲要"。

日本评选委员会以长岛孝一为首，主要由年轻人组成，他们包括：

岸和郎

1950年生于横滨，1975年毕业于京都大学，1978

年完成硕士研究生课程。1981年成立自己的事务所，并在1993年荣获日本建筑学会最优秀年轻建筑师奖。现任京都技术学院副教授，并在多所学校开设课程。

中谷礼治

　　建筑史学家，1995年获早稻田大学工学博士学位。现任早稻田大学理工高级研究院讲师，著有大量有关日本建筑的论述。

评语

　　1. 评选委员会（协调人：长岛孝一；评论员：土居、岸和郎、中谷礼治；顾问：铃木博之）针对每十年或20年的发展阶段提出了分段标题，目的是清楚表达出20世纪日本建筑历史发展的不同阶段。这些分段标题是：

　　20世纪初：完成19世纪西方建筑的学习；

　　10年代：现代技术的出现和采用；

　　20年代：重视城市文脉和私密性；

　　30年代至40年代：探索沙文主义的国家表现；

　　50年代：战后现代主义和新表现的探索；

　　60年代至70年代：现代主义的发展和鼎盛；

　　80年代：后现代主义与泡沫经济的成果；

　　90年代：成熟与考验。

　　2. 不分建筑师的国籍，凡是建在日本国土上的建筑物都在评选的行列。

　　3. 由日本建筑师设计、建在前殖民地的建筑作品被排除在外，尽管担心这条原则可能会引起"否认日本在亚洲侵略的历史事实"的嫌疑。

项 ··· 目 ··· 评 ··· 介

1. 明洞圣堂

地点: 首尔, 韩国
建筑师: J. 科斯特 (神父)
设计/建造年代: 1900

它是一幢使用石砖建造的哥特式建筑。但是其内部空间与哥特式的气氛不一样,其单纯的外观以及构造所流露出的技法具有罗马风的要素。它的设计与监督是由在韩国教堂建筑中做出很大贡献的法国人科斯特 (Kost) 神父负责的。砖是由以信徒为主的韩国石砖工们负责制作的。砖的形态与颜色各不相同,因此制作砖时,神父在各方面都提供了指导。

本来哥特式建筑是石筑为主的,但是本建筑是把哥特式用砖来解释而制作出的非常复杂、非常精巧的建筑,甚至本来应该使用石材造的内柱也用了砖。把红色与灰色的异型砖适当地运用,表现出装饰的细致,是很有意思的。如此复杂多样的砖的使用可以证明当时制作砖的技术是相当发达的。

平面构成为大拉丁十字形三架式。内部形象是用一个横拱支持的拱廊与用四个尖拱连续的比较暗的空中回廊构成的三层墙面。屋顶使用木材交叉造成尖拱。这样的内部空间构成与各窗上的竖向玻璃形成了哥特式的空间特征。圣堂的位置在宫阁南边高高的小山坡上。它与入口的高差有13米以上,在周围环境中确实很突出。这就成为后来韩国的教堂一般都坐落在高高的小山坡上使教堂可以往下看村庄的主要原因,而且使人们认识到教堂比民众处于更优越的地位。现在它被指定为文化史迹来保存。(金鸿植)

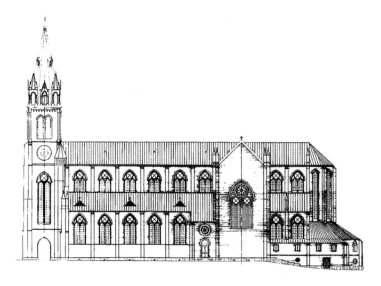

↑ 2 外观之二

← 3 剖面

图和照片由金鸿植提供

2. 青森银行纪念馆

地点：青森，日本
建筑师：崛江佐吉
设计/建造年代：1904

日本正式与西洋文明接触并迎来近代化是从1867年以后的明治维新开始的，从那时起，日本开始了对正规西洋建筑风格的学习和摄取。近代建筑师教育的正规化始自19世纪末，之前存在木匠这一传统建筑技术者对西洋建筑样式摄取的动向，这在日本被称为"拟洋风建筑"，其高潮在19世纪70年代。该纪念馆处于拟洋风建筑发展的最后期，设计者是青森的木匠，他在洋风建筑建设盛行的北海道函馆的建设现场学习了西洋样式。多层拱形屋顶的模式出现在该馆有趣的正面中央的屋顶窗上，定型化的样式被自由地加以运用。由于设计者是传统的建筑技术者，并没有从正式的教师那里学习西洋建筑，从这一建筑中，可以看到他们对主体西洋建筑的解释和展开。（中谷）

↑ 1 纪念馆外观

照片由日本建筑学会提供

3. 德国总督官邸

地点：青岛，中国
建筑师：斯特拉瑟，马尔克
设计 / 建造年代：1905—1907

由德国建筑师设计的青岛德国总督官邸，是20世纪初中国最美丽的建筑物之一。官邸为三层砖石钢木结构建筑。墙基、墙角、洞口及山花檐口处可见花岗石装饰。各式屋顶穿插起伏，错落有致，偶有曲线饱满的老虎窗和尖塔冲出屋顶，最终以中央高高隆起的大屋顶统一起来。室内采用了大面积精致的木装修，冬季花园（Winter Garden）采用钢架玻璃天棚，为当时所少见。整座建筑洋溢着德意志传统和20世纪初德国"青年风格派"的细部装饰式样。（王伯扬）

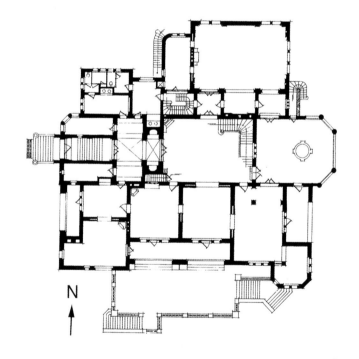

↑ 1 一层平面

←2 西南侧外观
↑3 大厅二层回廊
→4 北立面

图和照片由邹德侬提供

4. 开东阁

地点：东京，日本
建筑师：J. 康德尔
设计 / 建造年代：1908

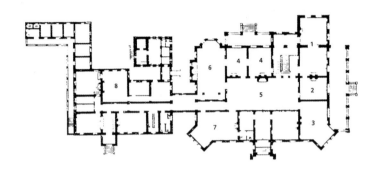

↑ 1 一层平面
（1.主接待室；2.女宾接待室；3.书房；4.起居室；5.大厅；6.餐厅；7.台球室；8.厨房）

　　康德尔在参加皇家建筑师协会举办的设计竞赛并获得骚恩奖之后，应日本政府之邀成为日本最初的建筑教授，在从事教育活动的同时，也热心投入设计活动中。他在哥特复兴的潮流中修业，本质上是19世纪折中主义的宠儿。对于撒拉逊风格、安妮女王风格、拜占庭风格、文艺复兴风格等，他具有根据不同状况分别加以使用的才能。但是，对于纪念性造型，总有些不称手。他的官厅设计未能实现，但身处异国，却踏上了民间建筑师的道路。开东阁是他的资助者、三菱商社第二代社长岩崎弥之助的宅邸。朝向庭园设置开放的外廊，这一手法被反复运用。该建筑本质上采用的是殖民式造型，但失去了初期柔和的形象，给人留下僵硬、不实用的印象。（土居）

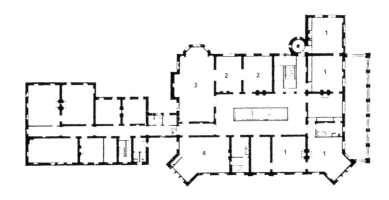

2 二层平面
（1.卧室; 2.客房; 3.舞厅; 4.图书馆）

3 外观

图和照片由日本建筑学会提供

5. 奈良旅馆

地点: 奈良，日本
建筑师: 辰野金吾
设计/建造年代: 1909

奈良旅馆是日本明治时期代表建筑师辰野金吾设计的唯一纯木结构的和风旅馆。在明治以后展开的日本建筑近代化中，该作品是早期便对本国传统风格进行革新的实例。这一时期接受过专门建筑教育的建筑师的作品中，初期实例有长野宇平治的奈良县厅舍（1895年）和妻木赖黄的日本劝业银行总部（1899年），但明治元年（1868年）开业的供外国观光客使用的筑地旅馆已经呈现出奇特的洋风与和风的折中风格，对亚洲周边地区来说，传统风格的革新从近代化伊始就成为普遍的表现课题。这一题目简单表现出来的理由在于高级旅馆是以外国观光客为对象。奈良旅馆在其细部处理上虽有效地采用了日本的样式，但其对称的平面形状、很高的建筑层高等，沿用的却是西洋建筑的手法。（中谷）

← 1 全景

↑ 2 外观

照片由吴耀东提供

6. 赤坂离宫

地点：东京，日本
建筑师：片山东熊
设计/建造年代：1909

↑ 1 内景之一

赤坂离宫即现在的迎宾馆，不论其风格还是质量都是明治时期洋式建筑的代表作品。地上三层，砖石结构，内部以钢筋增强，建筑面积约15000平方米，具有日本国内屈指可数的规模。当时是作为皇太子（后来的大正天皇）成婚后的宅邸加以建设的，建成后很长时间没有使用。离宫既标志着日本学习西洋建筑风格趋于成熟，同时又标志着这种学习期的终结。作为设计指挥的片山东熊，是最初接受了高等教育的四位日本建筑师之一，大多涉足宫廷建筑的设计建造。在

2 外观

3 内景之二

赤坂离宫设计中，片山花费了一年时间考察欧美的宫殿建筑，最后采用了当时流行的新巴洛克风格作为离宫的基调。正面外观的左右两翼大幅度向前弯曲，可以看出受维也纳新王宫（1908年）的影响，也表现出与著名西洋建筑的引用关系。室内装饰也以纯洋风为目标，借用巴洛克式的异国趣味，并在重点部位采用和式的装饰，这是非常令人回味的。该建筑在20世纪70年代改建为迎宾馆。

（中谷）

↑ 4 内景之三
← 5 内景之四

照片由吴耀东提供

7. 德寿宫石造殿

地点：首尔，韩国
建筑师：G. R. 哈丁
设计／建造年代：1900—1910

它是一座从1900年开工到1910年才完工的石造建筑，地上三层，总面积4046平方米。英国人布朗（Brown）提出方案，由英国建筑家哈丁（G. R. Harding）设计，在工程初期由韩国人组成的审议席监督，后来由俄罗斯人、日本人等监督。原建筑一层是下人的宿舍，二层是接待室与大厅，三层是皇帝与皇后的寝室、居室、客厅等。外观是以古典主义样式为主，它的爱奥尼式柱子与中央门前部分比较出色。平面为左右对称，立面是六间加五间加六间的分割形式。

建筑的形式像19世纪初在美国受了英国的影响而流行的古典主义殖民地式。这石造殿是甲午战争后韩国想要脱离露出侵略野心的日本的强压，提出也要从欧美各帝国直接学习技术的意图下而建造的建筑。但是它是象征外势侵略的建筑物。现被指定作为文化史迹保存。（金鸿植）

↑ 1 侧面外观
↑ 2 正面外观

↑ 3 外观局部

照片由金鸿植提供

8. 江华圣公会圣堂

地点：江华，韩国
建筑师：不详
设计/建造年代：1900—1910

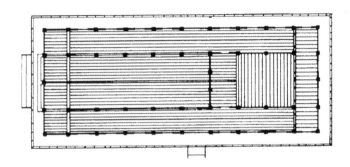

1 平面
2 室内

这座圣堂是把西洋天主教按照东洋思想分析而建造的建筑。建筑物坐落在可以俯瞰村落的小山坡上，好像西洋的城堡配置，这是西洋天主教的基本思想；但是圣堂把外三门、内三门、本堂、司祭馆都配置在一条线上，就是东洋前庙后寝的思想。当时有人认为韩国被外国侵略不是因为技术比它们的落后，而是因为没有像西欧似的民主制度。即跟东道西器不一样，应以西

◁ 3 正面外观
▷ 4 外观

图和照片由金鸿植提供

道东器为精神，在本国的"器皿"中把欧美发达的制度"盛"起来。

这座圣堂是由韩国建筑师与建造景福宫的建筑技术人员在韩国圣公会初代主教 J. 科斯特的指导下建造的。从总体看，把建筑放在小山坡上有点像船，在建筑物上围绕着扶芳藤，使我们想起诺亚方舟。在中间东南向轴上把外三门、内三门、圣堂、师弟馆配置在一条轴线上。外三门像城堡的城门似的放在石筑阶梯上，之后紧贴的内三门扮演钟楼的角色。内三门紧贴在外三门后的方法反映了理性的精神。

主堂为双层歇山屋顶。把四开间的短边方向作为正面使我们联想西洋的建筑物巴西利卡，但是把院子配置在建筑的东边侧面又表现出韩国的传统。正面分四开间的原因是把空间按性别分为两部分。内部按照巴西利卡样式。礼拜室用柱列区分为内外两部分。建筑装饰简单而又庶民化的处理使人感到一种朴素的气氛。（金鸿植）

9.三井物产大楼

地点：横滨，日本
建筑师：远藤於菟，酒井右之介
设计/建造年代：1911

↑ 1 入口

　　这座建筑总高四层，是日本最初的钢筋混凝土框架结构的代表作品，也是办公楼的先驱。清水砖墙无装饰的壁面构成西洋风格建筑的主流，明治时期的建筑大多如此，但在该建筑中丝毫感觉不到。设计者远藤——高峰期活跃在横滨商业区的民间建筑师——主要涉足的是商业建筑，这与明治时期大多建筑师在政府机关奉职相比，可谓特异的存在。他对当时新的建筑潮流很敏感，在横滨银行集会所（1905年）很早就介绍过维也纳分离派，并对后来的现代主义表现也颇精通。他的简单平淡的建筑表现，钢筋混凝土所具有的一体的造型，是他很早以来就意识到的。昭和四年（1929年），远藤又在物产大楼的正面右侧进行了扩建设计。（中谷）

↑ 2 外观

照片由吴耀东提供

10. 东京车站

地点：东京，日本
建筑师：辰野金吾
设计/建造年代：1914

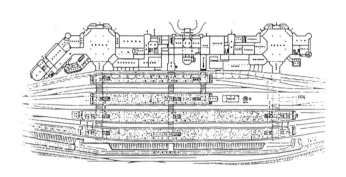

← 1 一层平面

↑ 2 现状外观
↑ 3 入口细部

辰野金吾是康德尔最初的弟子，也是日本第一代建筑师。他在康德尔之后，成为工部大学教授，支配了学院派，还创设了建筑学会，是日本建筑界的开创式人物。作为建筑师，他作品众多，甚至形成了冠以个人名称的"辰野式"风格。这一风格来自英国安妮女王式建筑，其特征是砖结构，以石带突出重点。辰野的代表作"中央停车场"（即后来的东京车站）也是这种风格。它面向皇居正面而建，长长的立面极富特征，中央是天皇专用的门厅入口，长长的翼部的端头是市民入口。造型舒展，不带任何紧张感，也没有与这个国家的存在意义相应。虽然是终点站，站台与车站建筑平行而置，并位于皇居对面，在近代车站中具有罕见的特征。（土居）

↑ 4 车站鸟瞰
→ 5 1914 年建成时外观

图和照片由日本建筑学会提供

11. 渔阳里石库门住宅

地点：上海，中国
建筑师：不详
设计/建造年代：1914

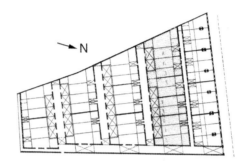

← 1 总平面

↑ 2 住宅单体鸟瞰

里弄住宅是中国独创的一种住宅形式。早期的里弄住宅多为老式石库门住宅。它是在大城市住宅用地紧张的情况下，模仿欧洲联排式住宅形式而建造的一种砖木结构的住宅组群。其单体平面脱胎于中国传统的三合院，以天井为中心，北东西三面为二层楼房，南面为砖墙和石框大门，保持着中国传统住宅内向封闭的特征。各单体采取横向与纵向联立组合，形成纵向和横向的总弄和支弄。这种住宅在各地租界内曾被大量建造。到20世纪20年代后期，老式石库门住宅逐渐被新式里弄别墅所淘汰。

（王伯扬）

↑ 3 住宅单体外观

→ 4 住宅单体一层平面

图和照片由上海建筑设计研究院提供

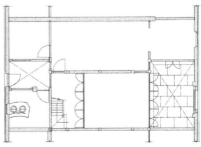

12. "总督府"

地点: 台北, 中国
建筑师: 长野宇平治
设计/建造年代: 1906—1919

↑ 1 鸟瞰 (Jung-sheng Ting 摄)
↑ 2 室内大厅 (Jung-sheng Ting 摄)

台北的"总督府",代表着在日本占领台湾的50年内引进台湾的新古典复兴主义的最高峰。作为岛上在这一时期最大的也是最有象征性的建筑,这一竞赛获奖项目当时受到了台湾和日本建筑师及公众的很大关注。

这座五层高的建筑由两个在平面上对称的院落组成,像亚热带地区许多典型的殖民地式建筑一样,在它朝东的前立面上筑有柱廊。拱廊所形成的深凹的阴影和三层高的柱廊赋予前立面庄严的特性。中央入口的设计在竞赛之后又做了修改而变成一个60米高的中央塔楼,此后这塔楼就成了台北的主要城标。红砖立面和石面料的线脚也代表着日本殖民时期的典型建筑语汇。建筑前方的场地后发展成一个举行集会和庆典的广场。(王维仁)

↑ 3 外观（王维仁摄）
↓ 4 正立面

图和照片由王维仁提供

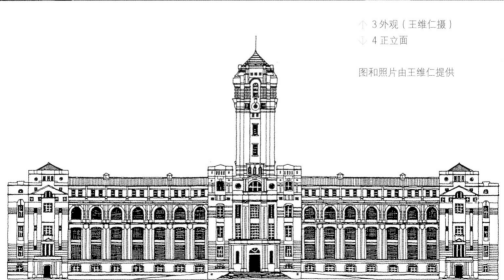

第 卷

东 亚

1920—1939

13. 帝国饭店

地点：东京，日本
建筑师：F.L.赖特
设计/建造年代：1923

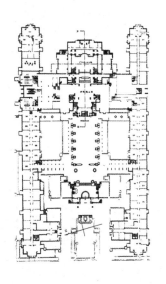

↑ 1 重建帝国饭店的大宴会厅
↑ 2 一层平面

帝国饭店是赖特在日本的代表作品，它在1923年的关东大地震中幸免于难。饭店通过采用地方的层状石材、饰面空心砖和槽纹面砖，把玛雅复兴风格与日本的表现有趣地结合在一起。建筑内发光的部件、家具和器皿等复杂的细部设计极其精致优美，这些都只可能出自赖特之手。1968年，由于地下淤泥状况导致帝国饭店基础失衡，同时基础设施陈旧失效，该建筑被拆除，代之而起的是单调的高层建筑。毫无疑义，这种做法在东京中心商务区是更为经济有效的。尽管如此，该建筑的门厅部分还是在名古屋附近的明治村中得到重建，尚可从中一睹帝国饭店当年的风采。(长岛)

↑ 3 在名古屋附近的明治村中重建
的帝国饭店

↑ 4 1923 年饭店开业时的鸟瞰
← 5 重建帝国饭店的大堂
↓ 6 剖面

图和照片由日本建筑师协会及吴耀东提供

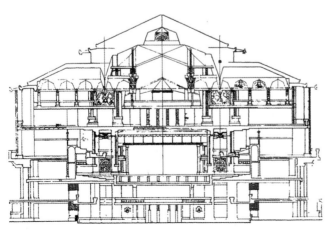

14. 中央电信局

地点：东京，日本
建筑师：山田守
设计/建造年代：1925

　　东京中央电信局是通信省在东京的总部，是在近代日本设计了许多优秀近代建筑的通信省营缮科的作品之一。它大胆采用抛物线形拱券的雕塑性表现，受到当时欧洲表现主义的影响，这种直接在形式上加以实现的作品，在当时的日本还没有先例。该建筑是山田守负责的作品，他当时刚从大学毕业。山田曾参加分离派建筑协会，这是日本最初的建筑团体，成立于1920年；其成员主张建筑创作要植根于近代社会的变迁，对其后20世纪30年代众多建筑运动团体的设立和活跃产生了很大影响。(中谷)

↓ 1 外观之一

↑ 2 外观之二

照片由日本建筑学会提供

15. 燕京大学

地点：北京，中国
建筑师：H. K. 墨菲
设计/建造年代：1921—1926

1 燕京大学总平面

燕京大学成立于1919年。1921年，以早年的淑春园故址为中心兴建新校舍，1926年基本建成。总体布局由主、次两条轴线控制，吸取中国园林处理手法，注意结合自然地形。在东西向的主轴线上，中间一脉丘陵划分了西部严整的教学区与东部环湖风景区。校内所有建筑物，虽然功能要求不同，但一律采用中国传统的三合院式成组设计。单体建筑基本取庑殿、歇山及两者结合形式的屋顶，深红色壁柱，白色墙面，花岗石基座，青绿色彩画——这成了燕京大学建筑的基本特征。建筑师墨菲（Henry Killam Murphy，1877—1954年）为美国人，是20世纪一二十年代活跃在中国近代建筑界的外国著名建筑师之一。（王伯扬）

↑ 2 女生宿舍
↑ 3 西校门

↑ 4 教学区主办公楼
← 5 校园东部环湖风景区

照片由楼庆西提供

16. 听竹居

地点: 京都, 日本
建筑师: 藤井厚二
设计 / 建造年代: 1927

听竹居是京都近郊山中现存的住宅，是凝聚着藤井厚二毕生住宅研究成果的第五栋自邸，又称"第五次实验住宅"。当时，藤井是京都帝国大学建筑系教授，他关心的是创作出与日本固有环境相调和、与生活相适应的住宅，并通过环境工学这一科学的方法加以实现。在听竹居中，榻榻米式与座椅式之间以设置的高差接续在一起，在生活方式上探求和式与洋式的混合，建筑通风性良好，以日本固有的和风意匠把整体统合起来。地板下及檐廊的天井内设置了采入冷风的通气口，设计有着更为舒适的环境追求。建筑内的家具、照明器具等均是由藤井自己设计的。通过科学的方法对传统和风住宅再评价，该住宅在日本近代建筑史上展示出传统与现代的独特融合。（岸）

↑ 1 东南侧外观

↑ 2 室内

照片由日本建筑学会提供

17. 中山陵

地点：南京，中国
建筑师：吕彦直
设计/建造年代：1925—1929

　　中山陵是中国近代建筑史上首次国际公开设计竞赛的获奖作品。陵墓坐北朝南，总体布置"略呈一大钟形"，象征着孙中山先生致力于唤醒民众、反抗压迫的不屈不挠精神，告诫后人"革命尚未成功，同志仍须努力"。设计思想是把建筑融于自然环境之中，吸取了中国传统陵墓布局的特点，采取中轴线对称的布置方式，按行进序列依次建有牌坊、甬道、陵门、碑亭、祭堂和墓室；与古代帝王陵墓不同的是取消了石象生，打破了传统神秘、压抑的气氛，代之以严肃、开朗、平易近人的环境氛围。建筑的色彩，采用蓝色琉璃瓦顶、灰白色花岗石墙身，这些都反映了孙中山先生一生追求民主的愿望。（王伯扬）

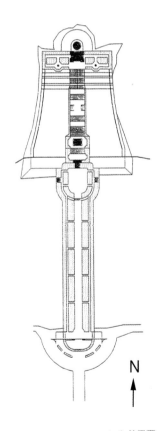

↑ 1 总平面

2 沿中轴线全景
3 祭堂外观
4 祭堂内景
5 祭堂立面

图和照片由东南大学建筑系以及丁峻、吴光祖提供

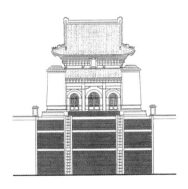

18. 中山纪念堂

地点: 广州, 中国
建筑师: 吕彦直
设计 / 建造年代: 1927—1931

← 1 平面

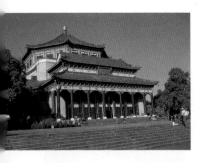

↑ 2 外观之一
↑ 3 内景

广州中山纪念堂是广州市民和海外华侨为纪念伟大的革命先行者孙中山先生而筹资兴建起来的。在1926年4月举行的全国设计竞赛中, 32岁的青年建筑师吕彦直设计的方案获第一名。

纪念堂坐落在秀丽的越秀山山脚, 总体布局采用对称的传统风格和外国总平面设计手法相结合, 强调轴线并特别重视堂前必须具有一片开阔优美的草坪和庭院。建筑采用中国民族传统形式, 以清代宫殿建筑的比例为蓝本并加以改进。观众厅平面设计成八角形, 其高度由地面至宝顶为57米。大宝顶以法国金箔玻璃马赛克镶砌, 闪闪发光。(张祖刚)

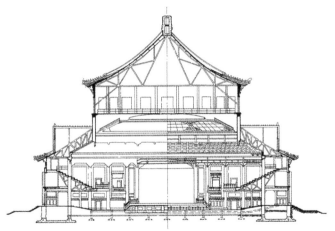

4 外观之二

5 剖面

图和照片由广东省建筑设计研究院
及陆琦提供

19. 筑地本愿寺

地点: 东京, 日本
建筑师: 伊东忠太
设计/建造年代: 1934

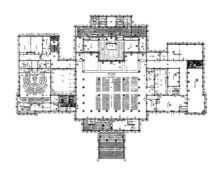

← 1 一层平面

↑ 2 室内
↓ 3 立面

筑地本愿寺是作为日本佛教一支的净土真宗本愿寺派的筑地别院,是建筑面积达6471平方米的大规模宗教建筑。外观源于印度佛教建筑,以查透亚佛殿为模式,细部采用的是爪哇的宝鲁布特等周围地区的印度样式。建筑内部与外观绝然不同,以钢筋混凝土框架为主体结构,并附加上"纯日本式"的主堂形式。建筑师是日本近代"日本建筑史学"的创始人,设计出了

大量泛亚洲样式装点的独特建筑。本愿寺在他的作品中是规模最大的。伊东作为日本建筑史的权威，持续进行着东洋样式的摸索和研究，各地区建筑风格在保持其独自性的同时，发展近代结构和材料，这是他所提倡的建筑进化论的实践。本愿寺造型奇特，之所以给人留下生硬的印象，大概在于他所提倡的理论的存在。该建筑包藏着各个时代的制约，值得进一步研究。

（中谷）

↑ 4 外观

图和照片由日本建筑学会提供

20. 中山陵音乐台

地点: 南京, 中国
建筑师: 杨廷宝
设计 / 建造年代: 1932

↑ 2 环绕观众席的走廊和花架
↓ 3 剖面

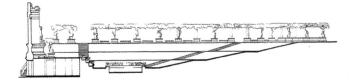

南京东郊钟山风景秀丽, 有明孝陵、灵谷寺等胜迹。自中山陵建成后, 自然景观和人文景观声名愈振, 逐渐形成风景区。1932年, 在中山陵东南角建成了一座典雅别致的音乐台, 遂成为中山陵风景区重要的游憩场所。

音乐台占地4200平方米, 系利用原有天然坡地修整而成。场地布局仿古希腊露天剧场作半圆形, 地面铺植草皮, 观众可席地而坐。观众席后有走廊

与花架环绕，环境幽雅宜
人。舞台后部有巨大的混
凝土屏风，用以改善声学
质量，同时作为建筑构图
中心。

　　设计者杨廷宝系中
国著名建筑师和建筑教育
家，曾任中国建筑学会理
事长、国际建筑师协会副
主席等职。中山陵音乐台
是他的早期作品。在这个
作品中，西方古典建筑的
总体布局与中国传统建筑
的细部得到了完美的结

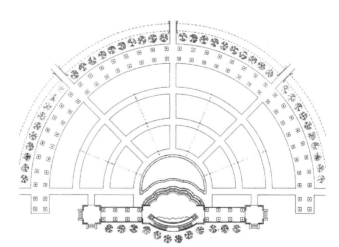

合，令人赏心悦目，显示
了建筑师的深厚功底和熟
练技巧。（王伯扬）

△ 4 音乐台全景
△ 5 平面

图和照片由东南大学建筑系提供

21. 南京西路建筑群

> 地点：上海，中国
> 建筑师：邬达克等
> 设计/建造年代：1926—1934

20世纪30年代上海市跑马厅（Race Club）北侧的南京西路是当时上海市具标志性的市中心。其主要建筑有：上海国际饭店（Park Hotel），建于1934年，匈牙利建筑师邬达克（Ladislaus Hudec）设计，包括地下二层在内共24层，高82米，在20世纪60年代前为亚洲最高建筑，外观具有30年代美国摩天楼装饰派建筑风格；大光明电影院（Grand Cinema），建于1933年，邬达克设计，为当时远东规模最大、最豪华、设施最先进的电影院；上海西侨青年会，建于1932年，哈

↑ 3 南京西路街景

沙德洋行设计，是旅沪外侨进行体育活动的俱乐部，内部设施完善，外观具有罗马风特征的装饰艺术派风格；华安大厦，建于1926年，哈沙德洋行设计，1938年改名为金门饭店（Pacific Hotel），建筑外貌属局部采用罗马古典细部的折中主义样式；跑马厅大厦，建于1933年，马海洋行设计，英商跑马总会所在地，建筑具有带新古典主义特征的折中主义特色。这一组建筑实际上成了20世纪30年代中国乃至东亚娱乐和消费文化的象征。（王伯扬）

↑ 4 华安大厦一层门廊
← 5 大光明电影院外观之二
→ 6 上海国际饭店外观（20世纪90年代摄）

↑ 7 上海西侨青年会外观
← 8 跑马厅大厦

照片由上海建筑设计研究院提供

22. 宝性专门大学校（现高丽大学）主馆

地点: 首尔，韩国
建筑师: 朴东镇
设计/建造年代: 1934

它是现高丽大学前身的宝性专门大学校的本馆。地上五层，总面积3223平方米，钢筋混凝土构造。设计由韩国建筑家负责，施工由日本人负责。

平面为一字形，在中央配置了五层高的塔楼，有前后出入口。走廊为边走廊，其走廊的东西两侧尽端配置了一字形翅膀似的附属建筑。作为大学校的主馆，南向的各房间作为办公室与会议室。内部设备有蒸汽暖气与水冲式厕所，是当时建筑内配备的最新式的设施。

外观采用石构造，窗户用水平拱处理，中央出入口与中央塔最上层的窗户采用尖拱，作为重要的装饰。二层窗户采取了在水平拱里再设计尖拱的形式，使人感到在立面上有所变化。中央塔的顶上采用了中世纪城堡的形式。在屋顶上设计了老虎窗。总体上看，这座建筑具有浪漫主义的石造哥特风形式。

本建筑已被指定作为文化史迹保存。（金鸿植）

↓ 1 外观　金鸿植提供

23. 汇丰银行

地点：香港，中国
建筑师：公和洋行
设计 / 建造年代：1935（1981 年被拆除）

↑ 1 银行办公室内景
↑ 2 营业大厅内景（顶棚为俄罗斯
艺术家设计的彩色马赛克装
饰画）
→ 3 北立面外观（20世纪40年代摄）

照片由龙炳颐提供

尽管遇到了20世纪30年代的经济困难，汇丰银行在1925年成功地建成了上海办公大楼之后，于1934年决定委托公和洋行重建在香港的总部大楼。

它的前一个大楼建于1886年，也是由公和洋行设计的。与之相同，他们准备不惜代价地把这幢12层高的芝加哥装饰艺术风格的高层建筑建成一幢最好的大楼。银行方面要求它在香港的出现成为一种繁荣和稳定的象征，所以这幢建筑是世界上第一座以高张力钢材建造的。在香港，或许是在亚洲，它是第一幢安装有空调设备、隐蔽式供暖和高速电梯的建筑。它以花岗岩石板为饰面，并采用铜和石材制作的以埃及、中国和日本式为主题的装饰艺术风格细部。自相矛盾的是，正是出于保持最新的先进技术这同一个理由，这幢建筑于1981年又被N. 福斯特（Norman Foster）的作品取代了。（龙炳颐）

24. 汉城市民会馆（现首尔市议会）

地点：首尔，韩国
建筑师：李天承
设计/建造年代：1935

它在日据时代作为汉城的市民会馆而建，光复后曾作为大韩民国国会议事堂。进入20世纪30年代，现代主义建筑在西欧已经很普及，日本建筑界也已经引入现代主义建筑而进入了稳定发展的阶段，但是韩国在进入30年代以商业建筑为中心才开始引入现代主义建筑。

总的来看，在三层高的方形箱子的正面左侧放置高层钟塔，这是北欧公共建筑上常用的造型语言。讲堂为主要的内部空间，因此把窗框做成又窄又长，表现出垂直的形象。屋檐像帽檐似的伸出来，体现了在水平线上往外伸展的初期现代主义建筑的样子。它具有非对称的形式，以及完全排除装饰因素的墙体，外形特征简洁，我们把它看作现代主义建筑在韩国的开始。

（金鸿植）

↑ 1 外观（模型）
↪ 2 侧立面外观

照片由金鸿植提供

25. 土浦龟城自邸

地点: 东京, 日本
建筑师: 土浦龟城
设计／建造年代: 1935

↑ 1 一层平面
    (1.厨房; 2.餐厅; 3.入口; 4.起居室)
↓ 2 二层平面
    (5.卧室; 6.书房)

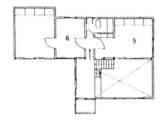

该建筑是土浦龟城第二栋自邸。土浦虽是师从于赖特的建筑师，但后来他的风格转向了包豪斯风的国际式，这座自邸就是他这一时期的代表作。施工工法也受到包豪斯的影响，采用的是木结构干式工法。包豪斯的干式工法超越了西洋传统的砌筑结构。采用干式工法，是在追求合理化的同时追求日本固有性的结果。建筑外装是在石棉板上喷涂加入石棉的防水水泥，中空的墙壁以稻谷壳填充，在朝南的带有二层中庭的起居室天井上，设置了通过辐射热取暖的采暖板。这些设计都充分考虑到室内的环境。内部空间由门厅、起居室、餐厅、展示室、卧室、书房以及地下室等不同层高的空间以跃层的形式组合成为有机的整体，在此可以看到赖特的影响。(岸)

↑ 3 外观

照片由日本建筑学会提供

26. 上海外滩建筑群

地点：上海，中国
建筑师：公和洋行，陆谦受等
设计/建造年代：1901—1936

→ 1 江海关
→ 2 外滩建筑群全景

外滩是上海黄浦江西岸的一段滨江大道，自苏州河口至延安东路口，长1000余米。20世纪初至1936年，这里建造了24幢重要建筑，汇集了世界各国不同的建筑风格，形成了东亚最著名、最壮丽的河岸景观，被人们喻为"近代世界建筑博览会"。其主要建筑有：汇丰银行（1925年公和洋行设计），英商银行，立面采用严谨的古典主义手法，造型端庄宏丽，在上海近代建筑

← 3 汇丰银行
→ 4 沙逊大厦（左）与中国银行
　（右）

中属出类拔萃之作，曾被称为"从苏伊士运河到白令海峡最美丽的建筑"；沙逊大厦（1928年公和洋行设计），国际著名旅馆，造型具有典型的装饰艺术风格；中国银行（1936年陆谦受设计，公和洋行作为顾问），在现代高层建筑上成功地采用中国传统建筑细部装饰的范例；江海关（1927年公和洋行设计），上海海关，入口处为典型的希腊多立克柱廊，钟楼具有装饰艺术派建筑特色；东方汇理银行上海分行（1911年通和洋行设计），法商银行，建筑形式为带有巴洛克装饰的新古典主义风格；英国总会（1911年马海洋行设计），旅沪英侨俱乐部，建筑为新古典主义风格，细部有巴洛克特征；华俄道胜银行上海分行（1901年倍高洋行设计），中俄合资银行，建筑具有法国古典主义特征；百老汇大厦（1934年业广地产公司建筑部设计），专供在沪英国商行高级职员居住的公寓，建筑外貌简洁，细部具有装饰艺术派特征。

（王伯扬）

↑ 5 百老汇大厦
← 6 怡和洋行
　　（1922年，思九生洋行设计，顶部两层为后加）
↓ 7 英国总会
↓ 8 华俄道胜银行上海分行

照片由上海建筑设计研究院提供

27. 马勒住宅

地点: 上海, 中国
建筑师: 不详
设计/建造年代: 1936

英籍犹太人马勒的住宅, 建筑面积2411平方米, 占地894平方米, 草坪及花园2200平方米, 是一座富于浪漫色彩的挪威风格的建筑, 它的外形与色彩极具特征, 体形富于凹凸变化, 造型复杂, 四坡顶尖塔玲珑别致, 富丽堂皇。室内大量采用木装修, 饰有精细的雕刻和线脚。居住于此犹如置身于北欧童话世界。

（王伯扬）

↑ 1 住宅入口

↑ 2 住宅全景
← 3 住宅内景
↓ 4 住宅屋顶

照片由上海建筑设计研究院及上海
装饰集团提供

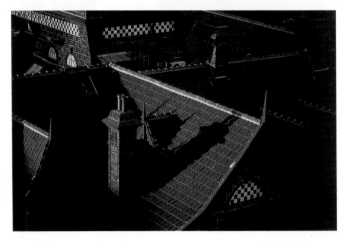

28. 大连火车站

地点：大连，中国
建筑师：太田宗太郎
设计 / 建造年代：1924—1937

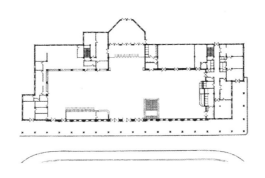

←1 平面

大连火车站是20世纪30年代中国现代建筑的代表作。这座由日本建筑师太田宗太郎（Tada Sotaro）设计的车站，站房为钢筋混凝土结构，地上四层，地下一层。建筑面向低洼的广场空间，两侧的弧形大坡道把车站建筑与广场空间成功地结合起来。建筑平面与空间功能明确合理，主入口设在二层，旅客流线顺畅，人流货流分离。（王伯扬）

→ 2 站房近景
→ 3 二层候车大厅内景

↑ 4 全景

图和照片由邹德侬提供

29. 东京国立博物馆

地点：东京，日本
建筑师：渡边仁
设计/建造年代：1937

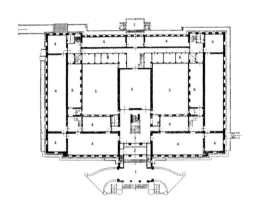

← 1 一层平面
（1.门廊；2.前室门廊；3.大
厅；4.展览厅；5.庭院；6.办
公室；7.休息室；8.储藏室）

　　东京国立博物馆原称东京帝室博物馆，是现在国立博物馆主馆的展示设施，地下二层，地上二层，是1930年举办的设计竞赛的获胜方案，当时的应募规定"以日本趣味为基调的东洋式"，采用坡屋顶。主体结构为钢筋混凝土，其上采用了舒展的倾斜二重传统瓦屋顶，也可以说是"帝冠样式"的典型示例。它间接反映出向亚洲扩张时代的风潮，建筑界围绕该作品曾展开争论。但是，设计者渡边是能熟练运用多种风格的老练建筑师，其作品有着很高的完整度。在日本国内，"帝冠样式"被评价为是与当时的军国化风潮相关的，但是，像这样的地区性表现手法，在整个亚洲的近代建筑中，可以说是一般常见的通俗表现，有必要以更广阔的视野予以再研究。（中谷）

30. 圣玛丽教堂

地点: 香港, 中国
建筑师: 周耀年
设计/建造年代: 1937

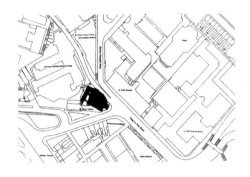

← 1 总平面

　　圣玛丽教堂是属于圣公会的一座教堂。圣公会是英国国教教派, 中华圣公会1912年在上海成立。这座教堂是按照"民族复兴"或称"中国文艺复兴"的风格建造的。"民族复兴"或"中国文艺复兴"这个词是由吕彦直在他的《中国建筑: 过去和现在》一书中创造的, 用以描述南京国民政府在20世纪20年代和30年代倡导的、旨在探索民族个性的建筑运动。在同一时

代, 还有一个教会的"三自运动", 它主张宗教仪式中国化, 最终也把建筑包括在内。

　　这一时期, 有五个基督教会机构在香港建成, 都是以传统中国建筑主题为装饰, 与西方装饰艺术派建筑相混合的风格, 圣玛丽教堂是其中最正统的例子。它是早期基督教教堂式的平面, 而在它的前部则是按三段式原则的中国式立面: 屋顶和斗拱支架系列、主体、平台。屋

↑ 2 细部
↑ 3 内景

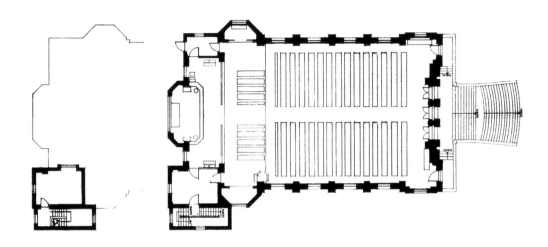

顶形式是在广东惠州地区常见的"马头山墙"，以斗拱作为支撑。主体是红砖墙，在三开间的入口上支撑着一个大窗，窗的中央有一个十字架。一段台阶通向平台，台阶的混凝土栏杆采用宋式的细部。大厅内的结构是画有中国式图案的简支柱和梁。（龙炳颐）

◁ 4 外观
↑ 5 一层平面
→ 6 轴测图

图和照片由香港大学建筑系提供

31. 台北电报局

地点：台北，中国
建筑师：邮政管理局建设处
设计/建造年代：1938

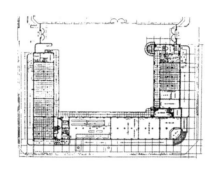

← 1 底层平面

↑ 2 背面一角（王维仁摄）

这座三层楼的现代风格的办公楼，是20世纪30年代台湾现代建筑运动发展的里程碑，屋檐和楼板的带形构件审慎地与阳台和窗户投影结合在一起，组成了立面上清晰的横向视觉效果。圆形凸出的屋檐和柱墩台阶强调出这座"U"形建筑在街转角上的入口。在建筑背面角上的悬挑楼梯和管形扶手，显示出在运用受包豪斯运动影响的现代建筑语汇方面的老练和成熟。

浅色面砖的钢筋混凝土墙是日本殖民统治后期技术性突破的典型例子。台湾30年代的其他公共建筑，在外部材料和构造技术方面也使用了相似的方法。此建筑在90年代修缮时，换掉了外部面砖并毁掉了所有的横向构件和细部。（王维仁）

↑ 3 修缮后外观
→ 4 立面
↓ 5 剖面

图和照片由《台北建筑》李乾
朗提供

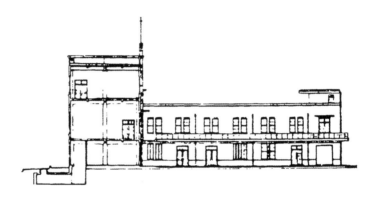

第  卷

东 亚

1940—1959

32. 岩国征古馆

地点：山口，日本
建筑师：佐藤武夫
设计／建造年代：1945

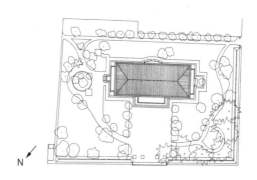

← 1 总平面

↑ 2 透视图
↑ 3 展室列柱

岩国征古馆是太平洋战争末期竣工的展示设施，有关这座建筑在当时有一则趣闻。战时，由于建筑用材的管制，采用竹筋取代钢筋，采用制铁所残渣块取代混凝土。在当时那个并非追求空间品质的时期，这个建筑作品还是有着很高的水平的。设计者当时指出"文化机能的辅佐体制"，也就是说，像纳粹那样战时主张造型统制的必要性。的确，该建筑呈现出与此主张相一致的新古典柱式，但同时也可以感到对罗马风原型的憧憬。这与其说是设计者的意图，不如说是由于建筑用材的极端缺乏和严峻的建设条件而导致的结果。(中谷)

↑ 4 外观

→ 5 一层平面

图和照片由日本建筑学会提供

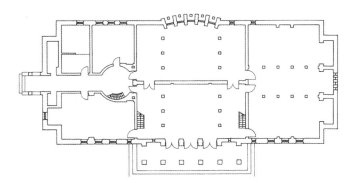

33. 朝鲜革命博物馆

地点：平壤，朝鲜
建筑师：金崎亨等
设计/建造年代：1948（1970年改造）

1948年以国立中央解放斗争博物馆为名开馆，在1961年改称现在的名字，1972年以现在的形象正式开馆。

建筑的外观是典型的苏联式，沿袭西洋古典主义造型语言。这是一幢在宽阔的广场高地上配置的三层横长建筑物，并在它的前面有突出的柱廊来强调其权威感。一层作为基坛，采用石造；二层和三层以垂直柱子为基本骨架，以突出的粗粗的水平线来形成屋顶。有大台阶直接上二层，从外观上看二层的部分实际上起一层的功用。其内部为方便观众使用，建造了相当舒服的柱廊。

在这个时期，包括苏联在内的所有的社会主义国家都主张以下的内容：

真正的艺术应向劳动阶级普及，为人民服务，尤其是建筑艺术应以发展为前提。建筑艺术要快速发展的话，它应该站在包括劳动阶级的广泛的人民大众的立场上进行规划，这样才能发挥参与发展建筑艺术的人民大众的创造智慧。因此建筑要快速发展到这一目标，就一定要符合人民大众的美学思想的要求。反对追求华丽的装饰以及最新式设备的倾向，同时要成立符合新社会要求的大量化生产的建筑体系。

但是，有时候利用了西洋古典的造型语言，却造出了一些虽然壮观但远离民众的建筑。（金鸿植）

↑ 1 外观

照片由朝鲜建筑家联盟提供

34. 平壤火车站

地点：平壤，朝鲜
建筑师：不详
设计/建造年代：1950

它是在日本战败后，用朝鲜本国人民的力量建造的第一个现代化的车站建筑。在地下室有典礼大厅、大众食堂与小卖部。在一层以中央大厅为中心有一般候车室、大食堂、邮局、货物提取所以及购票室；在二层有军人候车室以及长途旅客候车室；三层与四层为旅馆。有趣的是，在一层有为小孩子服务的母婴室、喂奶间、诊疗室等，在二层有图书室。通过这一点我们可以了解当时设计非常注重民众服务设施，而且有明确地区分各楼层功能的技能主义思想。同时为了象征人民不断前进的气氛，通过把中心部提高来表现这个值得被称作"平壤的大门"的建筑。

在外观形象上，在中央部分建造了一个大彩虹门，在中央部顶上放了一个八角形塔来强调中心轴。在立面的两侧竖立两层贯通的柱子，把具有厚厚屋檐的翼楼向前突出以强调其对称性。在建筑的内外使用大理石与花岗岩装饰，显得很华丽。

20世纪50年代，为表现出雄壮与隆重的建筑形象，在建筑构成上多使用垂直的要素，建造出具有非常权威感的建筑，并且把西洋建筑的造型语言当作教条，可以说大多是当时在苏联流行的古典式的建筑。然而，这似乎并不意味着与新时代合适的新形式建筑的诞生。（金鸿植）

↑ 1 外观

照片由金鸿植提供

35. 神奈川县立现代美术馆

> 地点: 神奈川, 日本
> 建筑师: 坂仓准三
> 设计/建造年代: 1951

↑ 1 前立面外观（模型）
↑ 2 外观（模型）

神奈川县立现代美术馆建在曾经是日本政治中心的镰仓鹤冈八幡宫境内。设计者坂仓准三（Junzo Sakakura），1929年远渡法国，曾在勒·柯布西耶事务所就职，是"二战"后日本建筑界的领头人物。这座建筑是日本最初的现代美术馆。主体结构是铆钉连接的钢骨结构，努力做到预制化和轻量化。平面围绕中庭呈口字形，底层架空柱廊部分是由大谷石墙面和工字钢柱子构成的空间，上层为石棉板干式工法构成的箱型。上层展示室通过散光的百叶把柔和的外部光线导入室内，同时设置了活动隔断，赋予空间可变性。南侧架空柱廊与水池之间的联系，可以看到受桂离宫的影响。从主体结构和工法预制的侧面可见第二次世界大战以来复兴期的合理性，同时，大谷石及来自桂离宫的影响，又可以发现"二战"后再度显现出来的日本固有性的追求。（岸）

↑ 3 入口处外观

照片由建筑师提供

36. 儿童医院

地点：北京，中国
建筑师：华揽洪，傅义通
设计/建造年代：1952—1954

N

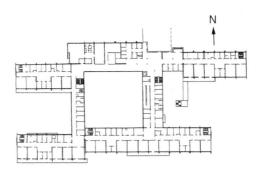

← 1 一层平面

↑ 2 庭院
↑ 3 病房楼

北京儿童医院是北京市最大的儿童专科医院，占地6.48公顷，总建筑面积51066平方米。总平面采用分散式布局，一般三层至四层高，设有半地下室，门诊、住院、供应、污物处理、尸体运送分别设有出口，路线区分明确。医疗区分南、北、中三部分，门诊部居中。按儿科特点，门诊大厅有完善的预检部，传染病儿在直接对外的隔离诊室就诊。普通门诊各科为独立单位，双走道两侧候诊。传染病房设在北部，有绿化隔离带。普通病房设在南部，病房单元按早产儿、婴儿、幼儿、儿童四类分区。医疗区内绿地庭院宽阔，建筑布局活泼，有特色。楼房为框架结构，外墙为灰色清水墙，局部水刷石，病房楼挑出檐头，配以窗花阳台，具有浓郁的民族风格。（张祖刚）

↑ 4 入口

⇢ 5 总平面

    （1.宿舍；2.隔离病房；3.门诊；4.大厅；5.花坛；

    6.急救室；7.托儿室；8.中药制剂房）

图和照片由北京市建筑设计研究院提供

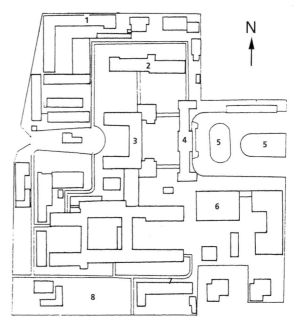

37. 广岛和平纪念圣堂

> 地点：广岛，日本
> 建筑师：村野藤吾
> 设计/建造年代：1954

↑ 1 外观局部
↑ 2 内景

　　试图把现代建筑引入日本的建筑师们可以说重视方法论，其造型也是抽象、颇富理论的。与此相对，村野藤吾（Togo Murano）则没有太多言论，他擅长微妙的富有品位的造型，其造型被称为"村野风"。该教堂与同时在广岛建设的丹下健三的广岛和平会馆是显示出这种对比的具体实例。这一在原子弹爆炸地建设的天主教堂是依靠世界各地的捐赠建设起来的，入口大门上施恩的印象圣痕浮雕就来自德国。从教堂的形式看，露出水平木梁的天井、主廊的拱券序列、引人注目的侧廊等给人留下其属于初期基督教范畴的印象。与教堂主体分离的塔、布教室等形体，故意避开戏剧性效果，采用朴素表现的空间，这还是让人想起意大利初期基督教的风格。该建筑的结构是钢筋混凝土框架，矿渣砖砌筑，整体造型简朴。这里，教堂严肃的禁欲主题与村野浪漫的造型构思存在着良好的协调关系。（土居）

↑ 3 外观

照片由建筑师提供

38. 广岛和平会馆

║ 地点：广岛，日本
║ 建筑师：丹下健三
║ 设计/建造年代：1955

和平会馆是丹下健三（Kenzo Tange）得以真实实现的设计之一，他赢得了1948年举办的和平公园设计竞赛第一名，随后在以"城市中心"为主题的现代建筑国际会议上进行了介绍，以展现日本的"中心"。和平会馆位于公园的中心，处在中轴线上，这一轴线同时把河对岸的"原爆堂"（当年原子弹爆炸地的遗迹）与纪念雕塑慰灵碑（野口勇设计）联系在一起。和平会馆雕塑般清水混凝土的架空柱廊将带有百叶的通透箱型建筑托起，在和平公园空间的城市构成中极具

↑ 1 陈列馆全景
← 2 陈列馆一角

↑ 3 纪念雕塑慰灵碑
→ 4 总平面
[1.纪念穹顶（原爆堂）; 2.纪念雕塑慰灵碑; 3.陈列馆; 4.和平中心大楼; 5.大会堂]

图和照片由建筑师提供

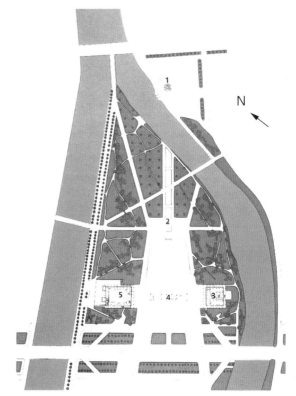

效果。主馆由集会厅、展示空间和管理室等组成，并以混凝土梁柱体系进行了清晰明确的表述。这是丹下始终关注的课题，并在后来发展成为他建筑语汇的一部分，这在香川县厅舍的设计中充分表现出来。*(长岛)*

39. 秩父水泥第二工厂

地点：秩父，日本
建筑师：谷口吉郎
设计/建造年代：1956

这座建筑是根据功能主义美学精心设计的大型水泥厂。对日本经济来说，20世纪50年代由于朝鲜战争的影响开始变得景气，面向60年代经济发展高潮，这是"二战"后第一次经济增长时期。"二战"后建筑主流是现代主义与时代背景的经济需要相应，这一作品是与此合拍的少数作品之一。为与水泥急速增产相适应，日本购置了丹麦制造的最新机械设备，日本方面设计者的作用就是在预先决定的工厂生产线的基础上，创造出"发挥功能的美，使得工厂用地像公园一样清洁、明快、优美"的建筑和环境要素。包括全长240米原料储藏库在内的巨大的超出一般尺度的建筑，通过对古典的比例、平缓的曲线以及富有秩序感的精细直线的反复运用加以控制，各由两根造型组合在一起的烟囱呈塔状向心布置，在工厂内像是赋予了这一共同生产场所以浪漫气息。（中谷）

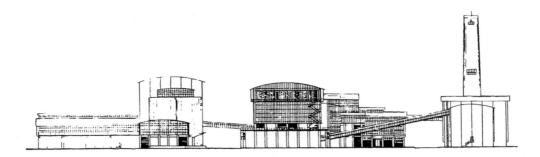

1 北立面
2 全景
3 外观
4 东立面

图和照片由建筑师提供

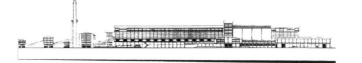

40. 电报大楼

地点：北京，中国
建筑师：林乐义
设计／建造年代：1958

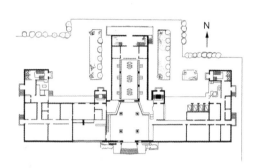

← 1 首层平面

↑ 2 夜景
↑ 3 营业大厅

北京电报大楼是北京西长安街上第一座大型公共建筑，是中国第一幢自行设计和施工的中央通信枢纽工程。

大楼主体七层，加上中央钟塔部分共12层，至钟塔塔顶总高度为73.37米。两端伸向北面的东西房间，全为楼梯、电梯间、盥洗室等附属用房，这样使侧立面宽度增加，整个建筑体形更稳重。立面处理力求简洁，强调建筑主体和钟塔体形的整体美。顶层钟塔的四面装有5米直径的标准钟，大钟由扩音器报时或播送音乐。（张祖刚）

↑ 4 外观
→ 5 剖面

图和照片由建设部建筑设
计院和林铭述提供

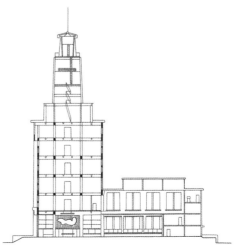

41. 空中住宅

地点: 东京, 日本
建筑师: 菊竹清训
设计/建造年代: 1958

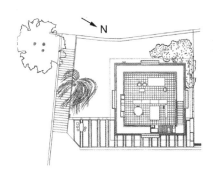

← 1 总平面和一层平面

↑ 2 东南侧外观
　　（川澄建筑图片社摄）

↑ 3 室内（彰国社提供）

　　新陈代谢派是日本"二战"后建筑运动的主流，空中住宅则是其成员之一菊竹清训（Kiyonori Kikutake）的自邸。在他看来，住宅的根本是夫妇的空间。该住宅为边长约10米的正方形的单纯平面，一个房间由四根壁柱支撑在空中，这种独间式的构成是基于住宅的核心是夫妇空间。浴厕间、厨房等设备用房以及子女室作为从属空间，采用能够替换和移动的形式，附属在主体结构上。把建筑当作机械般的思考方式，与同时代的阿奇格兰姆是共通的，但其造型却极具日本韵味，显然不是同时代所谓新日本格调的殖民主义的东西，而是"二战"前建筑师通过出云大社和伊势神宫就感觉到的古代建筑的残象，在该建筑中仍然留存着。在这一时期，未来派倾向与古代的感性叠合在一起。（土居）

↑ 4 南侧外观（川澄建筑图片社摄）

图和照片由建筑师提供

42. 人民大会堂

> 地点：北京，中国
> 建筑师：赵冬日，张镈
> 设计/建造年代：1958—1959

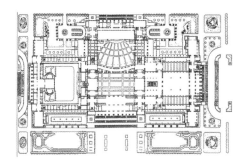

人民大会堂是为庆祝中华人民共和国成立十周年而建的全国人民代表大会的议事堂。它位于天安门广场西侧，占地15公顷，总建筑面积171800平方米，平面呈山字形，南北长336米，东西面宽174米。由大会堂、宴会厅、全国人大常委会办公楼三部分组成，连接三者的交通枢纽为中央大厅。中央大厅面向广场，地上四层，高40米，是大会堂的主要入口。

↑ 1 一层平面
← 2 中央大厅

↑ 3 外观

→ 4 天安门广场上的建筑分布

[1.天安门；2.毛主席纪念堂；3.人民英雄纪念碑；4.人民大会堂；5.革命历史博物馆(现中国国家博物馆)；6.正阳门；7.箭楼]

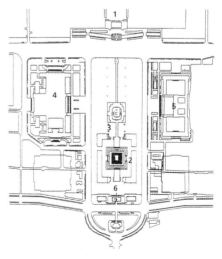

←→ 5 大会堂内景
→ 6 会见大厅

大会堂会场宽76米，深60米，平面呈椭圆卵形，屋顶高46.5米，座席分上下三层，可容万人。墙面与顶棚圆角相连，采用"水天一色，浑然一体"的处理手法。宴会大厅可容5000人就宴，四周黄色廊柱，壁柱沥粉贴金彩画，整个厅堂明快华丽。

大会堂的建筑造型平面对称、高低结合，台基、柱廊、屋檐采用中国传统的建筑风格，与天安门城楼和天安门广场取得了协调而又有创新的效果。此项工程巨大且复杂，设计、施工周期短，从1958年9月开始征集建筑方案到1959年8月建成，前后共经十个多月时间。

（张祖刚）

↑ 7 步入宴会厅的大楼梯
← 8 宴会厅

图和照片由北京市建筑设计研究院
提供

43. 民族文化宫

地点：北京，中国
建筑师：张镈等
设计/建造年代：1958—1959

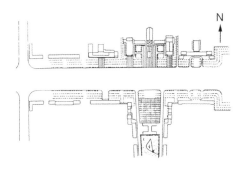

1 总平面
2 中央大厅

民族文化宫，是一座介绍与展出中国各民族历史、文物、生产、生活和进行各项政治、文化、娱乐活动的场所。建筑面积30770平方米，平面呈山字形，楼前辟有宽阔的绿化广场。全部建筑由四个部分组成：有2000多平方米展出面积的博物馆、可藏书60万册的图书馆；1150座席的会场和多种演出功能的舞台；有适于台球、保龄球、射击、棋类、音乐、舞蹈等的十余

图和照片由北京市建筑设计研究院
提供

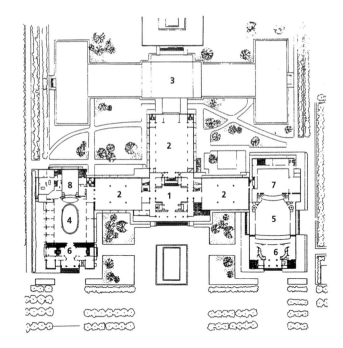

间活动室，以及餐厅、舞厅和招待所等。

建筑东西两翼为二层至三层，中部塔楼地上13层，高达67米，挺拔高耸。全部墙面用白色面砖饰面，孔雀蓝色琉璃瓦屋顶，方整石墙脚，融现代建筑与传统民族风格于一体，造型优美，色彩明快，充分体现了建筑的主题。（张祖刚）

第  卷

东 亚

1960—1979

44. 东京文化会馆

地点：东京，日本
建筑师：前川国男
设计/建造年代：1961

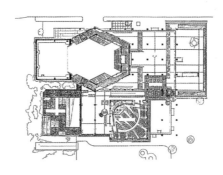

← 1 二层平面

↑ 2 大观众厅
↑ 3 门厅与休息厅

东京文化会馆位于上野公园内，对面是勒·柯布西耶设计的国立西洋美术馆。它由小型音乐厅、大型歌剧剧场、展示厅、会议室和餐厅组成。大剧场平面呈六边形，顶棚高18米，拥有四层楼座。壁面浮雕是由向井良吉和日本广播电视局音响技术研究所合作设计。小型音乐厅的舞台设置在四边形平面的角部，充分利用了斜向对角布局的特性。会馆巨大翘曲的屋檐可以说象征着日本式的屋顶，同时让人想起昌迪加尔议会大厦的巨型屋檐，这正是该时期前川国男（Kunio Maekawa）的设计特色。与会馆统一的顶棚高度相对，地面标高的变化是这座建筑最为引人入胜的空间特性。（长岛）

↑ 4 外观
↓ 5 剖面

图和照片由建筑师提供

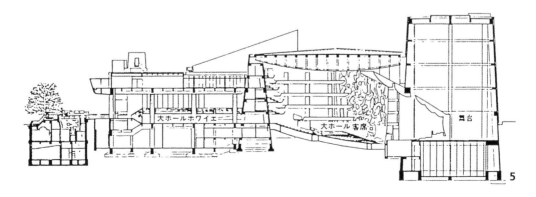

大ホールホワイエ

大ホール客席

舞台

5

45. 法国大使馆

地点：首尔，韩国
建筑师：金重业
设计/建造年代：1959—1961

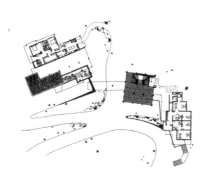

← 1 总平面

↑ 2 大使官邸

　　它是有七名法国建筑家参加的指名设计中当选的作品。建筑物分大使官邸与办公楼两部分，大楼是官邸，小楼是办公楼。官邸显示出男性的力量，办公楼则表现出女性的柔美，让人感觉它们像是一对恋人。

　　在配置上，按照地形本身的等高线适当地扭了一下轴线，同时与大门之间形成了一个庭园空间。

　　办公楼的正方形的屋顶只有四根柱子支撑着，像韩屋的屋檐一样。这就好像在岩石上展翅欲飞的秃鹫一样。屋脊让人感到建筑物的美丽。官邸的屋顶也是浮起的四方形屋檐，但把柱子配置在建筑物外面使人感到稳定。根据屋檐的大小表现出有动感的造型，通过露出浮雕来改变墙壁的比例，全面使用马赛克装饰墙面，建筑的细部处理得很好。

　　从总体看，把两个性格各异的建筑物按照地形巧妙地组合起来，建筑造

型追求的韩国的情绪与法
国现代主义者的高尚品位
调和得非常好。这个作品
给当时韩国建筑界一个很
新鲜的冲击。后来虽然以
技术为主的建筑占了大多
数，但是这种以表现艺术
为主的建筑也开始有了影
响力。

作品荣获1962年汉城
市文化奖，1965年法国国
家劳动勋章。（金鸿植）

↑ 3 大使办公楼

图和照片由金鸿植提供

46.东海大学校园规划和路思义教堂

> 地点：台中，中国
> 建筑师：贝聿铭，陈其宽，张肇康
> 设计/建造年代：1954—1963

↑ 1 理学院入口
↑ 2 标准院落（王维仁摄）

沿着一条人行林荫道轴线，将几个院落组群组合在一起，东海大学规划的这种方式明确而简练地取得了中国古典主义的感觉。每个学院都有自己的院落，由入口大门、走廊、院子和教室办公楼组成。分区结构原则和传统材料，如红砖和白抹灰墙、木质和混凝土构架，灰屋瓦和卵石铺砌地面，以传统的特性结合在一个既是现代化的空间，又是独特的校园风格之中。

路思义教堂审慎地被放置在校园的中心，以略微削弱主要的人行道轴线，利用四片薄壳混凝土墙和顶，呈圆锥状弧形表面，建筑师创造了一个富有哥特式神韵的现代化空间。沿着屋顶开启的带状沟式的天窗，更在这一现代化教堂中进一步强调了宗教的神秘气氛。（王维仁）

↑ 3 路思义教堂（Z. G. 林摄）

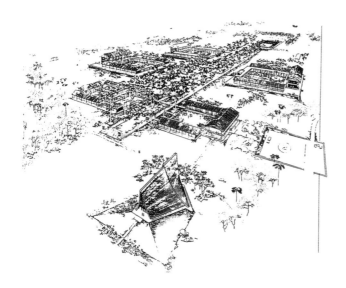

↑ 4 校园建筑立面（王维仁摄）
← 5 校园鸟瞰（陈其宽绘）

图和照片由王维仁、陈其宽、Z. G. 林
提供

47. 代代木国立室内综合体育馆

地点：东京，日本
建筑师：丹下健三
设计/建造年代：1964

代代木国立室内综合体育馆是由奥林匹克运动会游泳比赛馆、室内球技馆及其他设施组成的大型综合竞技设施。它采用高张力缆索为主体的悬索屋顶结构，创造出带有紧张感、力动感的大型内部空间。特异的外部形状加之装饰性的表现，似乎可以追溯到作为日本古代原型的神社形式和竖穴式住居，具有原始的想象力。这可以说是设计者丹下健三结构表现主义时期的顶峰之作，最大限度地发挥出素材、功能、结构、比例，直至历史观高度统合的杰出才能，是丹下登台

以来的特质。无疑，该建筑是丹下的建筑生涯，也是日本现代建筑发展的一个顶点，日本现代建筑甚至可以说以此作品为界，划分为前后两个历史时期。（中谷）

↑ 1 游泳馆远眺
↑ 2 游泳馆内景

↑ 3 全景鸟瞰
← 4 球技馆远眺

照片由建筑师提供

48. 皇居旁大楼

地点：东京，日本
建筑师：林昌二（日建设计）
设计/建造年代：1966

1 总平面

皇居旁大楼是在A.雷蒙德的杰作"读者文摘东京分社"被拆毁后，在原地再开发建设的120000平方米的大规模办公楼。为适应不规则的用地形状，两栋细长的办公楼通过夹在其间的中央大厅错接在一起，中央大厅两端附加两个独立的巨大圆筒形支撑体，内部设置了楼梯、电梯和厕所等，形成了明快有力的造型。若观察其细部，不锈钢的中央大厅楼梯、铝制的水平百叶、主入口前的伞形挑棚、圆筒形支撑体的预制混凝土和水落管的漏斗等，到处呈现出富有个性的纤细特征。垂直向的圆筒形支撑体与办公楼部分水平方向的组合，从都市规模观察，在考虑皇居旁地段景观的同时，具有高度的象征性，可以说是具有战后日本现代建筑最高水平的作品。（岸）

2 入口
3 不锈钢制作的中央大厅楼梯

↑ 4 鸟瞰
↓ 5 底层平面

图和照片由日建设计提供，村井治摄

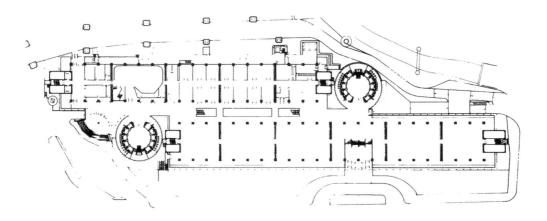

49. 集美学村

地点：厦门，中国
建筑师：陈嘉庚等
设计／建造年代：1934—1968

集美是华侨领袖陈嘉庚的故乡，临海据陆，环境优美。自1912年起，陈即携资回乡，发展家乡教育事业，陆续在集美创办了从初等到高等各类学校及配套设施，形成了规模巨大的集美学村。20世纪60年代后当地又兴建了纪念碑、陈嘉庚墓及其他标志性建筑，成为福建省的教育和旅游胜地。集美学村规划严谨，分区合理，具有完整的道路网；建筑布局不仅体现了规划的完美，而且与环境有机结合，充分考虑了沿海各建筑单体组成的景观。陈本人参与了多项建筑的构思和策划，建筑造型和细部装饰具有强烈的地方民俗风味。（王伯扬）

↑ 1 龙舟池及湖心亭

↑ 2 道南楼
← 3 归来堂
↓ 4 鳌园

照片由广东省建筑设计研究院提供

50. 代官山集合住宅

地点：东京，日本
建筑师：槙文彦
设计/建造年代：1969

代官山集合住宅是独具特色的居住与商业开发项目，始建于1969年，陆续有六期工程。建设用地原来是树木茂密的坡状狭长地段，朝向一条繁华的街道，在东京次中心之一的边缘被确定为居住区用地。建设地段有着严格的条件制约，高度限制为10米，容积率为150%。所有分期建设的工程贯穿着一致的设计主题，那就是室内外空间均要获得近人的尺度，在沿街立面与街道之间通过组织不同层面人的活动而使之互动。基于此，沿着人行道设置了多种小尺度的开放空间和

→ 1 边路立面景观

半开放空间，并与建筑穿插在一起，创造出了积极有效的城市空间。

　　在这座建筑中，现代建筑的设计语汇和敏锐的城市设计策略综合运用，充分尊重特定场所的独特特性，并贯穿在建筑设计的各个方面，增添了整个开发工程的魅力。尽管在建筑师和城市设计师槙文彦（Fumihiko Maki）的建筑成就中，这座建筑是尺度处理和设计手法都比较谦和的作品，但仍被认为是其代表作。(长岛)

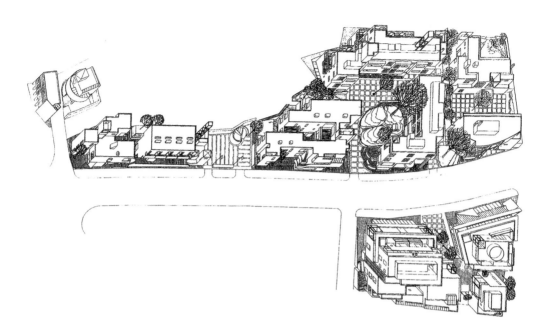

3 轴测图
4 三层平面
5 二层平面
6 一层平面

N

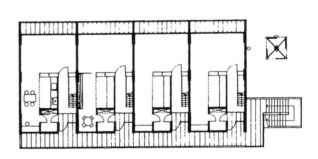

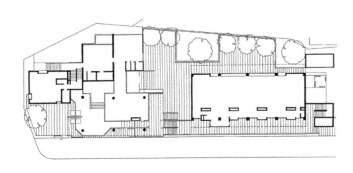

图和照片由建筑师提供

51. 中山纪念馆

地点：台北，中国
建筑师：王大闳
设计/建造年代：1968—1972

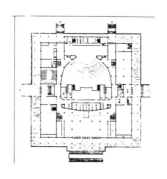

← 1 一层平面
→ 2 外观

中山纪念馆是为纪念中国民主革命的先驱者孙中山先生而建。孙先生一生献身于中国的民主革命，1925年逝世后被民众敬称为"国父"。

中山纪念馆是20世纪50年代以来台湾地区探求"现代中国建筑形式"中最有名的实例之一。这座对称的四方形建筑由庄严的柱廊所环绕。这一平面布局为建筑的主要表现部位——巨大的、黄色琉璃瓦盖的、曲线柔和的大屋顶——提供了设计基础和结构模式。在南向主入口上方弯曲上翘的屋顶形成了整个建筑造型的精华，它突破了中国皇室建筑风格屋顶的法则。

由屋顶、柱子、基座构成的三段划分立面的比例经过精心设计，唤起人们对唐代庙宇的视觉联想。四周的柱廊不仅在巨大的屋顶下形成了深幽的阴影，而且也为进入大厅的人们提供了过渡空间。将现代材料用于古典的建筑细部，如柱梁结构节点、木格窗和竹节形扶手等，都使建筑具有了另一种传统中国性质的尺度。

（王维仁）

↑ 3 鸟瞰
← 4 柱廊
↓ 5 瞻仰大厅内景

图和照片由建筑师提供

52. 中银仓体大楼

地点: 东京，日本
建筑师: 黑川纪章
设计 / 建造年代: 1972

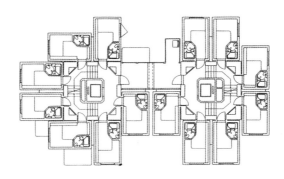

↤ 1 标准层平面
↧ 2 室内
↧ 3 剖面

中银仓体大楼是新陈代谢派的具体化宣言，这一流派曾给20世纪60年代的日本建筑界带来了很大冲击，并对"永恒还是临时"的建筑基本原理提出了明确质疑。由黑川纪章（Kishyo Kurokawa）设计的这座建筑位于银座地区，临近东京中心商务区，是为商务从业人员服务的一种次居住场所。每一居住单元都是工厂大量生产的仓体，配备有办公通信设施，提供宾馆式服务，首层有公共空间。作为主要结构的两栋预制混凝土双塔内设置有电梯和基础服务设施，支撑着次要结构的140间仓体，仓体几乎都是在工厂预制的。仓体是由可焊接的轻钢薄板制成，并在生产集装箱的工厂组装，各种管线均被制成预制单元。尽管是大量和大规模生产，但还是提供了多种变化的可能性。（长岛）

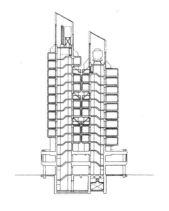

↑ 4 外观

图和照片由建筑师提供

53. 扬州鉴真大和尚纪念堂

地点: 扬州，中国
建筑师: 梁思成，张致中
设计/建造年代: 1973

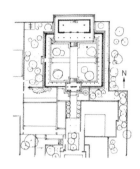

← 1 纪念堂总平面

鉴真 (688—763年) 系中国唐代高僧，本姓淳于，扬州人，14岁出家，22岁受戒，曾巡游长安、洛阳两京，遍研佛典，后住持扬州大明寺。唐天宝元年 (742年) 应日本僧人之邀，率徒众东渡传经，几经挫折，于唐天宝十二年 (753年) 第六次航海始达日本九州。次年在奈良东大寺建戒坛，传授戒法，为日本佛教徒登坛受戒之肇始。公元759年，鉴真按中国唐代建筑之形制，在奈良监造唐招提寺，传布律宗，遂成为日本佛教律宗的创始者。鉴真东渡，将中国的建筑、雕塑、医药等介绍到日本，为中日两国文化交流做出了卓越贡献。

鉴真大和尚纪念堂位于扬州城北蜀岗法净寺 (古大明寺)，建筑面积187平方米，木结构，面阔五间 (18米)，进深三间。其造型模仿鉴真亲自监造的日本奈良唐招提寺，具有中国唐代建筑的特色。本设计是在著名建筑学家梁思成教授指导下完成的。(王伯扬)

←2 纪念堂正面外观

↑3 纪念碑及碑亭

→4 纪念堂东侧廊庑

↓5 纪念堂东立面

图和照片由清华大学建筑学院提供

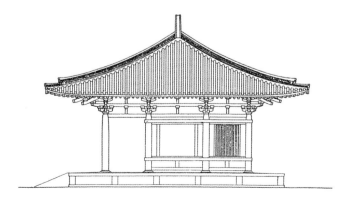

54. 矿泉客舍

地点: 广州，中国
建筑师: 莫伯治
设计/建造年代: 1965—1974

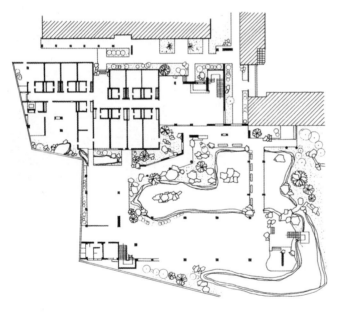

↑ 1 总平面

该客舍地址靠近市区西北边陲，原为接待外宾的旅游小筑。总客房数量为100间，大部分设在二三层楼上，其下为支柱层；首层西北角设几组小套间，结合连廊小院处理；首层的其余部分大多为水域和架空层。在进入主庭之前，经过一小段前导空间，穿过月洞门，豁然开朗，呈现一派疏朗高雅的主体景观。主庭的构思，是从庭院幽深，多层次组合的传统手法解放出来，将传统与现代手法糅合的新思路，既体现建筑的时代感，又表达着"临溪越地，虚阁堪支"的诗

↑ 2 入口通道

情画意；运用竹、石等地
方性建筑材料和花木为素
材，塑造庭园建筑的时代
新形象和环境。（张祖刚）

↑ 3 中心水池庭院
↓ 4 立面及剖面

图和照片由广东省建筑设计研究院及关肇邺提供

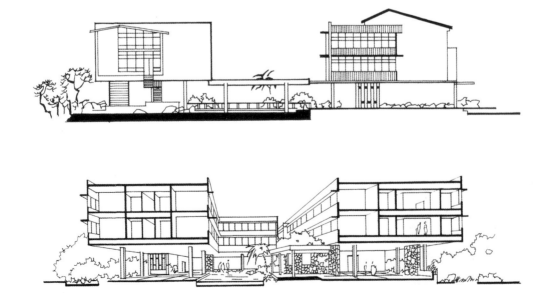

55. 幻庵

地点: 爱知, 日本
建筑师: 石山修武
设计/建造年代: 1975

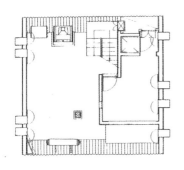

↑ 1 一层平面(左)与二层平面(右)

幻庵是采用土木工程中大量生产和使用的素材波纹板建造的住宅。建筑的主要部分只是由四种建筑材料构成,即两种65张波纹板和两种1400颗钉子。施工方法是极端单纯化的,一般人也可以建造,而且,直接与建材的生产流通环节相连,避开了复杂的流通机构,不是把住宅当作商品购入,而是尝试居住者、建筑师与更为紧密连接建筑的关系。从该建筑可以明确发现B. 富勒的戴马吉西翁住宅的源流,他思考像汽车和飞机那样的建筑。另一方面,当观察像人脸一样的建筑正面时,可以感知到做出如此设计的造型家石山修武(Osamu Ishiyama)的两难处境。
〔土居〕

↑ 2 内景之一
↑ 3 内景之二

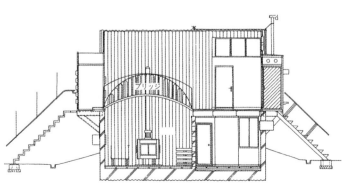

↑ 4 正面外观
← 5 剖面

图和照片由建筑师提供

56. 住吉长屋

地点: 大阪, 日本
建筑师: 安藤忠雄
设计/建造年代: 1976

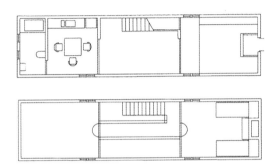

<1 平面与剖面

住吉长屋是在三间连续的古老木结构长屋正中插入的清水混凝土住宅, 成为安藤忠雄 (Tadao Ando) 闻名日本的契机, 该作品确定了他以后的建筑作风, 并获得日本建筑学会奖。这里安藤提出的课题是: 在都市内人们生活像一时暂住的状况中, 如何来创造都市的住居。住吉长屋的规模为开间两间 (约3.6米), 进深八间 (约14.4米), 二层, 四间房间面向中庭构成。道路一侧, 面向都市的是无表情的封闭的立面, 建筑内部则面向雨、风、光这样的自然开放, 明快地反映出作品的主题, 包含着对重视便利性的现代生活的批判。建筑整体依照几何学设计而成, 但仍拥有着住宅的高品质。正方体的箱型建筑被三等分, 加之优雅的外观, 住宅虽小, 但有着丰富的内涵。(岸)

↑ 2 外观

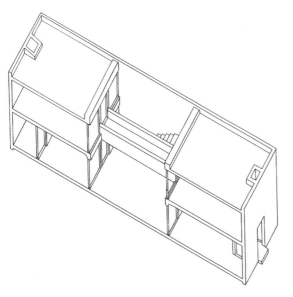

↑ 3 庭院
← 4 轴测图

图和照片由建筑师提供

57. 香港艺术中心

地点: 香港，中国
建筑师: 何弢
设计/建造年代: 1973—1977

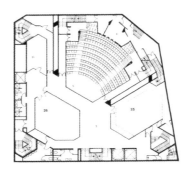

← 1 剧场一层平面

　　何弢的获奖作品香港艺术中心显示了在造型方面的很高修养。这个中心建在湾仔海滨区新填平的一小块只有930平方米的土地上。它包括一个200座的音乐厅，一个100座的演奏剧场，两个排练室，一个463座的剧场，一个展览画廊、餐厅、演奏练习室和办公室，都是竖向建筑的，但又互相连接而形成一个有趣的迷宫式的空间。L形的服务中心像一双手一样折叠起来，把主体空间围在其中。内部隔断墙依照结构确定的三角形格网设置。在这一项目中，何弢，这位与其他亚洲建筑师如槙文彦和S. 朱姆赛依（Sumet Jumsai）一起组建亚洲建筑师协会（APAC）的开拓者，试图寻求一种亚洲地区建筑的个性。（龙炳颐）

↑ 2 大堂内五层高的中央空调装置

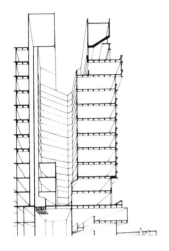

← 3 正面（西北）外观

↑ 4 剖面

→ 5 展廊

图和照片由建筑师提供

58. 马山圣堂

地点：马山，韩国
建筑师：金寿根
设计 / 建造年代：1979

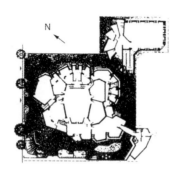

← 1 一层平面

↑ 2 外观局部

引导20世纪60年代与70年代韩国建筑界的双头马车是金中业与金寿根。前者多使用曲线的造型语言来创作具有体积感的作品，后者多使用直线与斜线的造型语言来创作具有类似的体积感的作品。前者具有女性感，后者具有男性感。前者一直支持当时现代主义的精神，而后者在前者的观念下更做出了继承民族情绪的努力。

马山圣堂为金寿根第二时期的代表作，连屋顶上也用了砖，表现出砖具有的又粗糙又亲切的情绪。为了给予建筑某种安定感，利用倾斜壁面来让人感到像是有几个人的手悄悄地汇集在一起似的，倾斜屋顶的处理通过其倾斜面中间让阳光滑入顶棚创造神秘感。

主堂位于中间，可容纳600人至800人。在后面有可以放祭坛的至诚所，在前面有从前室可以直接通过的告白所、回廊以及

从外部可以自由出入的祈
祷室。在祭坛下层以多功
能厅为中心设置各种会议
室与讲演室。

圣堂内部的光线是非
常重要的造型因素，所以
把类似万神庙的六角形的
主塔与不定型的辅助屋顶
之间流进来的光彩美妙地
引到顶棚上，而且把祭坛
后壁与中间壁之间往下照
的光利用起来，在空间上
增加了连续性。（金鸿植）

↑ 3 外观
↓ 4 剖面

图和照片由金鸿植提供

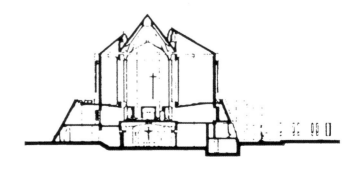

第  卷

东 亚

1980—1999

59. 济州民俗自然史博物馆

地点：济州岛，韩国
建筑师：金鸿植
设计/建造年代：1980

← 1 总平面

这是重视地域性和以民族传统的造型技法为基础，利用现代技术来建造的作品。济州岛的建筑需要表现出那种笨重的草屋顶的形象，那种利用暗灰色块时得到的单纯明快的力量。因此建筑材料采用在济州岛容易看到的玄武岩。

建筑总图按照济州岛的民家配置方式，以内庭园为中心形成口字形，通过弯曲的小路，把从建筑后面进入的不利条件利用传统的技法来解决。展示室由于地形问题被放在高的位置，所以在正面设置了比较高的阶梯，这是韩国7世纪在佛教建筑上使用的技法。展示室作为一个单位群，在各个单位之间设置休息空间，从外部互相贯通并区分为完全不一样的造型。

屋顶的坡度是学习了传统的草屋顶，这是济州岛的象征，与汉拿山（山名）的倾斜度一样。屋顶的材料是把济州岛的天然玄武岩不经加工，就直接使用。

总的来说，这是一幢风土主义建筑。进入20世纪70年代，从60年代开始的民族主义——包括民族的自立、繁荣以及民族的觉醒——的风潮吹进了建筑界。对传统继承的论争达到最高潮，人们认识到复制传统的形式不是答案。当时提出的继承传统是要把民族的情绪以触感等表现出来。尤其是要研究美丽的传统造型技法并

↑ 2 入口处外观
↪ 3 平面

应用之。

　　在这里，建筑师自身
体会了传统建筑后，把它
再用现代语言重新表现。
毕竟，美丽不是通过五感
看出的，而是通过认识感
觉到的。（金鸿植）

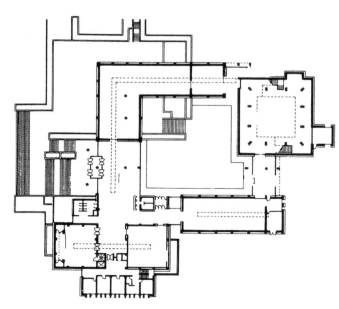

↑ 4 室内
↓ 5 立面

图和照片由金鸿植提供

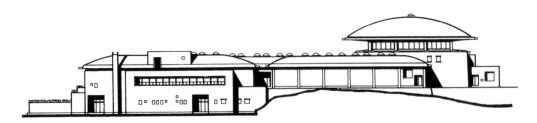

60. 韩日银行总部

地点: 首尔，韩国
建筑师: 尹生忠
设计 / 建造年代: 1977—1981

← 1 底层平面

1980年前后韩国进入产业社会，城市中心大量出现金融产业的象征物——高层建筑。韩日银行总部也出现在当时的汉城中心地区最贵的地段上，它是一座24层高的黑色铝合金玻璃幕墙建筑。本来想以暗紫色的基调处理给人以金属感，但是设计者认为这样虽然是现代的，但有排他的感觉，所以抛弃了色彩，选择了给予隐藏感的黑色。

为了表现金融机构的特点，通过在垂直的立方体上切掉四角显示出柔和的比例感，表现出的轻轻的阴影更强调了垂直性。

平面上在两侧边配置了两个垂直核心，在中部确保比较宽的营业场，并与大厅互相连接而有了贯通感。

为了未来能灵活划分功能，在建筑师的努力下，对金库设备等银行设施进行了相当的研究，在业务动线上得到妥善的处理。但是对于营业系统却没有能够采用可持续发展的形式，没有采取自动化系统，尤其是没有能准确预测金融业务的未来发展形势，并把它反映在设计上，这也许是时代的限制。(金鸿植)

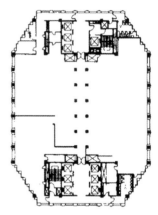

← 2 外观

↑ 3 21 层平面

↓ 4 四层平面

照片由金鸿植提供

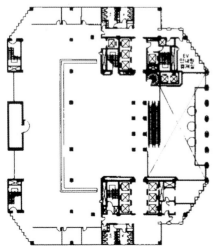

61. 香山饭店

地点: 北京, 中国
建筑师: 贝聿铭
设计/建造年代: 1981

饭店建于香山公园内, 环境优美。总体布局采取中国传统院落、庭园的方式, 但又不拘泥于固有的格式, 有所创新与突破。建筑与环境结合得极好, 充分利用了地势; 建筑与庭园相互衬托, 随地形而变化。建筑群与香山风景区景色、其本身的室内外空间都融为一体, 形成具有特色的观赏效果。建筑的空间构图, 园林绿化的配置, 材料、装饰、色彩的选用, 直至家具、陈设、铺挂的设计, 均统一在一个艺术构思之中, 手法简洁、朴实、统一, 创造出高洁淡雅、宁静朴素的气氛。在探索运用中国传统建筑形式与现代化旅馆相结合方面, 有新的进展, 形成独特的风格。

(张祖刚)

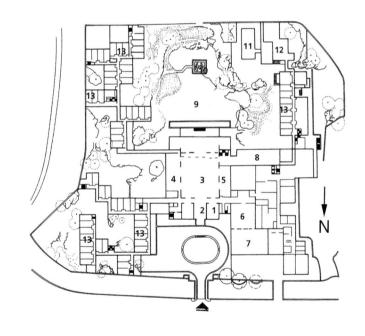

1 总平面
(1.接待处; 2.入口; 3.四季厅; 4.商店; 5.咖啡室; 6.中餐厅; 7.宴会厅; 8.西餐厅; 9.庭园; 10.曲水流觞; 11.游泳池; 12.健身房; 13.客房)

← 2 庭园
↑ 3 四季厅
↘ 4 中餐厅

图和照片由北京市建筑设计研
究院提供

62. 人民大学习堂

地点：平壤，朝鲜
建筑师：白时河
设计 / 建造年代：1982

人民大学习堂坐落在平壤市中心金日成广场的正对面。它以主馆为中心有大小十个建筑物配置在前后左右，建筑面积大概为十万平方米，是当时最大的公共建筑之一。在规模上与金日成广场的大小相调和，同时它是平壤市中心都市轮廓上的一个重要强调点。它是把传统的韩屋样式按照现代美感重新解释的民族的传统主义建筑。

人民大学习堂与平壤大剧场、人民文化宫殿、国际友好展览馆等一样，在建筑下部放了像传统的基坛似的大实体，在其上面把好几个大小不等的屋顶重叠交错，形成优美的大建筑群。周边设置柱廊，并且在二层与三层设计了强烈的水平带，在顶上建造又大又华丽的传统式建筑物。这样，使之显得规模又大又有变化，同时也有统一性。这是以前所没有的新的造型技法。

为了强调金日成广场的纪念性，在东侧正面强调了对称形式，雄伟而壮丽；在有万寿台艺术剧场的北侧立面，考虑到地形的不平以及周边的建筑造型采用了非对称形式，华丽而有变化。建筑物下部以粗大的四方形柱子、小的壁窗为主来进行立面造型，越往上越多使用圆形柱子，多装饰的栏杆、宽宽的通长窗户等，表现出下部重、上部轻的感觉。

建筑内部，在人群最集中的综合目录室建造贯通三层的圆柱子，顶棚上配置了直径6米的圆形大吊灯。平面以书库为中心，在书库周边配置各种阅览室、讲习室、学习室等。书库藏书量可达3000万册，每天可接待12000名读者。（金鸿植）

↑ 1 全景

由朝鲜建筑家联盟提供

63. 名护市厅舍

地点: 冲绳, 日本
建筑师: 象设计集团
设计 / 建造年代: 1982

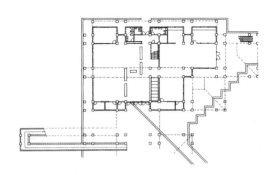

↑ 2 近景

象设计集团曾在冲绳县设计过一系列项目，他们关注当地气候和文化环境，创造出一种新型风土建筑，这反映在其作品今归仁村中央公民馆（1975年）和名护市厅舍中。当地产的微红色混凝土砌块与清水混凝土砌块的交替使用，产生出优美动人的建筑表现。半通透的屋顶和环绕在建筑主体周围半开敞的廊道，随着一天中太阳方位的变化，有效地遮挡住了强烈的阳光。廊道产生出丰富的中间领域，将毗连的室内外空间和谐地组织在一起。由于自然通风，建筑中设置了"风的通道"系统，尽管处在亚热带气候中，办公空间尽可能降低了对机械空调系统的使用。（长岛）

↑ 3 鸟瞰
→ 4 东栋一层平面

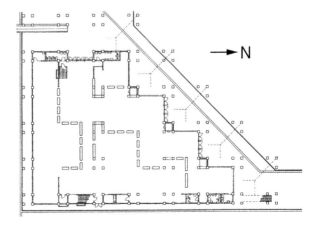

→N

← 5 远眺
↓ 6 南立面

图和照片由建筑师提供

64. 筑波中心大厦

地点: 筑波，日本
建筑师: 矶崎新
设计/建造年代: 1983

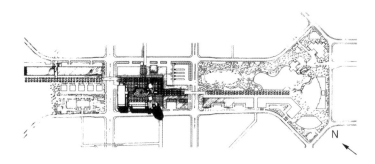

← 1 总平面

筑波中心大厦位于筑波研究学园都市中心，是由宾馆、商业设施、音乐厅等组成的复合设施。它作为后现代主义的代表建筑，曾在世界范围内引起广泛关注，同时引起各种争论。它是矶崎新（Arata Isozaki）的代表作。矶崎在这一作品背后，读取的是国家的影子，有意排除的是所谓国家象征的"日本式的东西"及"标志性建筑"。在呈谷状反转的空虚的"康皮道里奥山丘"周围，矶崎从勒杜、G.罗马诺等人的西洋古典主义建筑中引用一些片段移植其中。然而，正是含有各种要素的空虚中心的这种状态，有人指出这就是日本国家的状况，因此，围绕矶崎的意图和表现的问题产生了各种议论。但是，很多人无视这些议论，单纯把它看作历史要素的折中建筑，认为该作品是后现代主义建筑的代表。（岸）

↑ 2 侧景（石元泰博摄）
↑ 3 广场一角（黄居正摄）

← 4 近景（石元泰博摄）

↑ 5 广场（三岛哲摄）

↓ 6 平面

→ 7 立面细部（石元泰博摄）

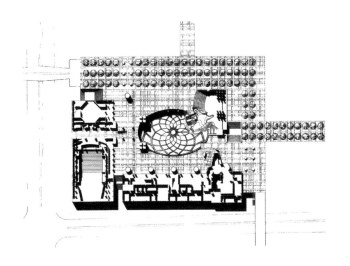

65. 白天鹅宾馆

地点：广州，中国
建筑师：佘畯南，莫伯治等
设计／建造年代：1983

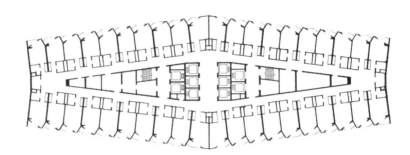

→ 1 标准层平面

宾馆位于广州沙面岛南侧，南临珠江白鹅潭，是拥有1040间客房的国际五星级宾馆。

宾馆布局使功能、空间和环境达到统一：公共活动部分如门厅、休息厅、咖啡厅、餐厅等临江布置，使旅客便于欣赏江景。中庭作为一个整体的多层园林设计，所有流动空间、餐厅、休息厅、商场等都围绕中庭布置，构成上下盘旋、高旷深邃的园林空间，将动与静有机融为一体，气势宏伟，色彩和谐雅致。富有岭南庭院特色的中庭，让旅客流连忘返。

宾馆采用高低层结合，高层为客房主楼，外墙白色喷涂饰面，颇有天鹅白羽重叠之意，使建筑与环境融为一体。（张祖刚）

↑ 2 园林式中餐厅
↑ 3 中庭

↑ 4 全景

图和照片由广东省建筑设计研究院提供

↓ 5 总平面和大堂层平面

（1.入口门廊；2.中庭；3.临江休息

厅；4.餐厅；5.上部为客房层）

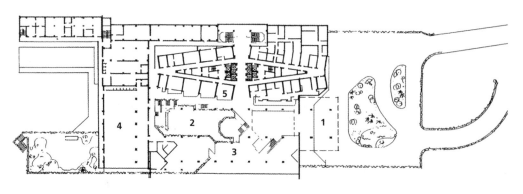

66. 武夷山庄

地点：武夷山，中国
建筑师：齐康，赖聚奎，杨子伸
建造年代：1983

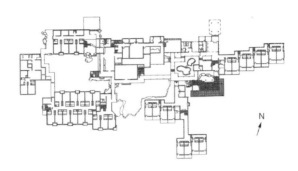

← 1 一层平面

武夷山是福建省著名的风景区之一，1998年被联合国教科文组织批准列入世界自然和文化双重遗产名录。武夷山庄是风景区内一所中型旅游旅馆，建筑面积为16800平方米。旅馆建于著名景点大王峰东麓一片坐北向南的斜坡地上，面对景色如画的崇阳溪，具有最好的风景线。为了与自然风景相谐调，建筑设计立足于"宜低不宜高，宜散不宜聚，宜土不宜洋"的原则，着意将建筑根植于地方风情之中，融汇于风景环境之内。建筑最高为三层，而且作散状布局，以求将更多的自然景色引入建筑组群空间内。体形曲折而富有韵律，给人以秀丽玲珑的美感。建筑细部设计注重从地方建筑风格汲取营养，诸如大尺度斜坡顶、带有垂莲柱的挑檐、廊边八角形小窗等都具有福建民居的神韵。*（王伯扬）*

↑ 2 东南侧外观
↑ 3 西北侧外观

↑ 4 东侧外观
↓ 5 北立面（局部）

图和照片由东南大学建筑研究所提供

67. 国立能乐堂

地点：东京，日本
建筑师：大江宏
设计/建造年代：1983

国立能乐堂是表演日本传统演剧能乐的国立剧场。用地周围是住宅街区，建筑檐部低平，没有采用大屋顶，而是根据内部空间由个别的重檐屋顶构成。看上去像传统屋顶材料桧皮茸的是铝制的带角管状横棱条。由现代素材构成平缓翘曲的屋面，不是简单地模仿，而是高度自律表现的结果。内部设计颇为独特，在钢筋混凝土的躯体内，组合入传统的木构架。设计者大江宏（Hiroshi Ohe）从初期作为国际式风格的实践者，转向了传统建筑的再解释。大江主张"混在·并存"，他的手法是批判地等价对待各个时代的风格，立足于优秀的、历史的、均衡的美学之上。当思考亚洲传统与现代的问题时，人们一定会想到这一有价值的作品。

（中谷）

↑ 1 外观
↑ 2 剧场内景（村井治摄）

↑ 3 鸟瞰

照片由建筑师提供

68. 高丽饭店

地点：平壤，朝鲜
建筑师：不详
设计/建造年代：1985

高丽饭店在平壤火车站附近，为纪念朝鲜解放40周年而建造，是一座高140米、有500间客房、可同时容纳1000名旅客的双塔形建筑。建筑的外观分为三大部分。底层部分作为基坛建造得很宽，在它上面是作为建筑主体的有变化的两个四方形塔楼。塔楼顶上以火炬样子的屋顶休息平台作为结束。虽然是两幢塔楼，但是因在30层连接而看上去好像一个建筑。顶上的旋转餐厅是两个扁平的圆柱形态的火炬，形成比其他建筑更多彩更突出的都市景观。外墙使用单一色的瓷砖，但是阳光照射的时候显得好像有几种颜色似的，十分华丽，又给人以很现代的感觉。（金鸿植）

↑ 1 全景

照片由朝鲜建筑家联盟提供

69. 汇丰银行

地点: 香港, 中国
建筑师: 福斯特事务所
设计/建造年代: 1979, 1982—1986

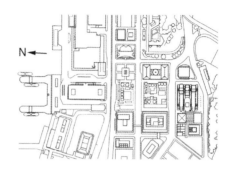

←1 总平面

　　N. 福斯特设计的汇丰银行是在同一块土地上建造的第四幢建筑, 也是该银行的第三幢建筑。每一轮发展的周期大约50年。银行方面要求它的出现被认为是也必须是"世界上最好的银行"。

　　福斯特的方案是在包括公和洋行以及H. 塞德勒等七个著名建筑事务所参与的竞赛中选出的。该设计的构思既简单又优雅。他不采用传统的中央电梯和服务中心的设计方法,

而是把服务设施安排在面向相邻的建筑物的周边部位, 以此在中央形成一个无遮挡的宽敞空间, 在此人们可以尽览南边山景和北边的海港景色。一个与街道同水平的、净高达12米的步行广场整个分布在建筑物的下部, 它与街对面的皇后像广场相连接。结构上, 楼板是从双层高的挂架上挂下来的, 就像从三开间排列的高柱上吊挂着的桁架一样。垂直方向上, 呈现出多片阶梯形

↑2 内景

↑ 3 全景
← 4 自汇丰银行到维多利亚海湾的总
　　剖面

↑ 5 夜景
→ 6 三层平面

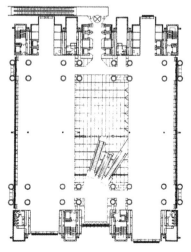

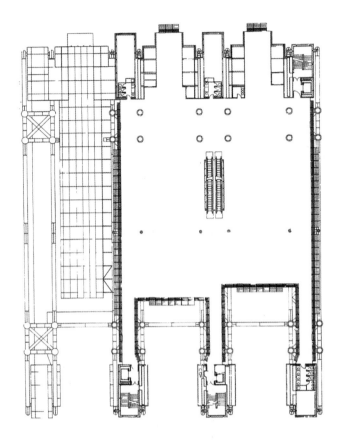

高度，使它看起来不显笨
重，同时创造了多种尺度
的空间和花园平台。

　　在开业十年之后，正
如它曾声明的那样，大楼
的灵活性经受了一次考
验，因为要增加一个新的
业务室，它要求大容量的
空间和高水平的服务，而
在最少干扰的情况下，它
以不到六周的时间完成
了。（龙炳颐）

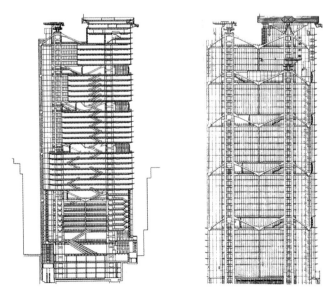

↑ 7 30层至40层标准层平面
← 8 剖面
← 9 北立面

图和照片由建筑师提供

70. 阙里宾舍

地点：曲阜，中国
建筑师：戴念慈，傅秀蓉
设计/建造年代：1986

宾舍位于国家珍贵历史文物孔庙、孔府旁。为此，在开始设计之前就确定了"甘当配角"的指导思想，把创造协调的环境和文化气息作为设计追求的目标，使整个建筑既从属于古建筑群，又是现代新建筑。设计中采取一系列措施：严格控制建筑高度，宾舍东面不高于鼓楼，西面不高于钟楼，建筑体量化整为零，把整个建筑分成若干小块，使之与孔府的体量尺度相适应；形式上借鉴传统院落组合，并使用青砖墙、青瓦顶，使其融于古建筑群之中。设计以朴实无华和

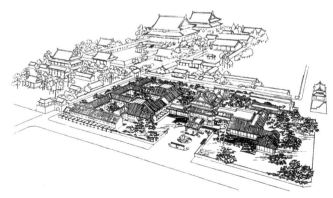

1 外观

2 鸟瞰

↑ 3 客房庭院之一

典雅作为整个建筑的主
调，室内设计采用高雅洁
白的装修格调，并布置了
历史题材的壁雕、文物复
制品和名人书法石刻，烘
托出强烈的文化氛围。(张
祖刚)

 4 客房庭院之二
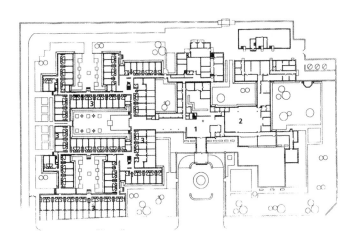 5 一层平面
　　　(1.门厅；2.餐厅；3.客房)

图和照片由建设部建筑设计院提供

71. 国立现代美术馆

地点: 首尔, 韩国
建筑师: 金泰修, 金仁锡
设计/建造年代: 1984—1986

← 1 总平面
↓ 2 室内细部
↓ 3 剖面

本作品根据设计竞赛的选定方案设计, 1987年获得了韩国建筑家协会奖。这座建筑使用了韩国生产的粉红色花岗岩, 是根据传统的造型技法对现代美术馆的功能进行解释的韩国最近的现代建筑。

它位于首尔的卫星城果川市首尔大公园内, 周围有美丽的自然风景, 但是与首尔相距很远, 因此不容易让大众接近, 观光客很少, 这是它的缺点。

建筑学习了以岳陵

↑ 4 正面外观
→ 5 平面

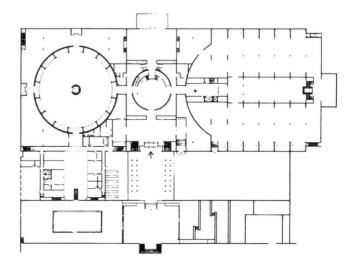

为背景的传统建筑配置方式，即从入口走进美术馆的过程中，向北侧看时，完全是水平构成的体块，越近越像是把圆筒重叠一样，逐渐变成了垂直的构成。这是在韩国山区寺刹中经常看到的造型技法。平面构成以旋转式圆筒形坡道造成的入口为中心，右侧为绘画馆，左侧为雕刻馆，中央圆形的入口大厅通过坡道连接左右侧的展馆。右侧的常设展馆以开放三层的大空间为中心，观众可以看到一层到三层的人流。

具有温暖感觉的粉红色花岗岩的使用，表现出又柔和又淡泊的造型技法，层层叠加的圆形曲线的调和与小小的开口都包含着从传统房屋中可以感到的深厚的民族情绪。利用传统的造型技法把水平的构成变化到垂直的构成，同时排除装饰，代替以抽象以及几何学的形态又是继承了西欧现代主义建筑的手法。可以说这个作品是在产业社会的现代主义建筑上表现了民族的美学观。（金鸿植）

↑ 6 全景

图和照片摘自《韩国的博物馆》，由金鸿植提供

72. 奥运村

地点: 首尔, 韩国
建筑师: 禹圭升, 黄一仁
设计/建造年代: 1986—1988

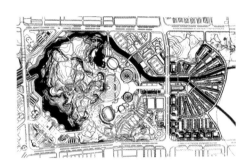

← 1 总平面

　　在奥林匹克公园对面660000平方米的土地上建造的奥运村, 是为在奥林匹克运动会期间参加大会的运动员、工作人员以及记者使用的场所。它应该满足对实现奥林匹克理念的历史象征性的要求, 在大会期间作为相约场所而应该有祝贺气氛的纪念性, 在大会结束后作为都市居住环境还应该有合宜性。因此它应当采用韩国当时存在的有发展前途的或近郊住宅与高密度的居住类型, 同时也应当采用有进取性的居住文化的类型。

　　在那儿6层到24层规模的高级楼房总共122幢, 以中央的运动员会馆为中心呈扇形配置, 可容纳5540户, 相当于30000人口。地段为四方形, 被道路包围, 在平坦宽阔地段中从南汉山发源的两条河向奥林匹克公园流动并汇合, 造成比较自由的空间意象。

　　运动员村空间构成的

↑ 2 全景

↑ 3 外观局部

基本观念是把在都市脉络中的格子形与在自然脉络中的放射形重叠起来，同时努力表现韩国都市空间的内向性。小区的外形采取格子形街道的样式，为确立周边广阔的都市秩序而建造的24层左右的高层作为小区的篱笆墙，然后在小区中间配置12层至14层的中层住宅，同时适当组织内外的连接。小区内部道路为放射性。轴线连接的地方形成中心广场与中心设施。这使它向外与奥林匹克公园相连接，向内作为放射形的中心点，表现出小区内部的秩序。

（金鸿植）

↑ 4 鸟瞰

图和照片由金鸿植提供

73. 北京图书馆新馆（中国国家图书馆）

地点：北京，中国
建筑师：扬芸，翟宗璠，黄克武
设计/建造年代：1987

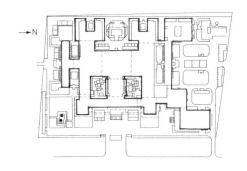

← 1 总平面
↓ 2 内景（紫竹厅）
↓ 3 东西向剖面

该馆坐落在紫竹院公园东北侧，总建筑面积140000平方米，藏书2000万册，是中国当时最大的综合性研究图书馆。

在设计上力求体现作为国家图书馆的特点和风格，并由此反衬出中国历史悠久、文化典籍丰富的内涵。该馆采用了高书库、低阅览的布局，形成了有三个内院的建筑群，吸取了中国庭园手法，在内院种植花木，布置水池、曲桥、亭子等，呈现

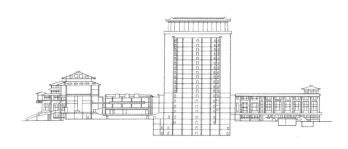

↑ 4 全景
←- 5 一层平面

图和照片由建设部建筑设计院提供

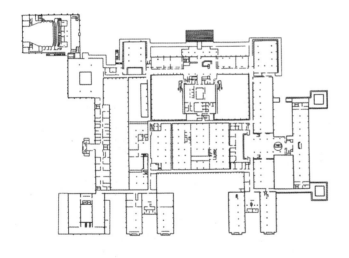

出馆园结合的优美环境。建筑外形对称严谨、高低错落、格调和谐。外檐为孔雀蓝的琉璃瓦盝顶或大屋顶，外墙面为淡灰色的面砖，白色线脚，花岗石基座和台阶，汉白玉栏杆。这些淡雅明朗的饰面材料配以古铜色铝合金窗和茶色玻璃，在紫竹院绿荫衬托下，增添了图书馆朴实大方的气氛和中国书院的特色。（张祖刚）

74. 中国银行大厦

地点: 香港，中国
建筑师: 贝聿铭
设计 / 建造年代: 1982，1985—1989

← 1 总平面
（中国银行在CBD中的位置）

贝聿铭设计的中国银行大厦是他在香港接受的第二项委托业务。香港是他在中学时代住过几年的很熟悉的地方。他乐于接受这项任务，其原因除了设计香港最高的大厦这一挑战之外，另一个原因是他的父亲曾是上海中国银行的经理。对于贝聿铭来说，能够为这个银行服务并可以纪念他父亲是更有意义的事。他的父亲尚能赶上大厦的扩初设计阶段，但在工程竣工之前去世了。

这座70层（368米）高的摩天大楼和大门两侧斜坡上的抽象苏州花园，是一个规整和几何图形设计的统一整体。在这项工程中，人们能够看到贝聿铭既富创造性又严谨的作风，不仅在于他解决了内部无柱的筒形结构的工程问题，而且还在于精心设计和谨慎的细部以及庭园安排。他利用竹子般的造型隐喻有力顽强而又灵活地生长。他的方案是一座不对称的

↑ 2 大楼东侧的流水花园

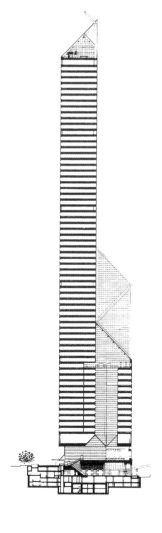

塔楼，从一个被对角线分成四根三角形箭杆的立方体里冒出来。每一根箭杆在不同的高度以一个对角斜切的玻璃屋顶（有七层高）为结束，并逐个依次盘旋上升至顶部，屋顶上一对桅杆直达 368 米高度。

贝聿铭在此项目中的挑战有三重意义：1. 要遵照两倍于纽约的风荷载和四倍于洛杉矶地震力的当地风荷载要求，来设计一幢香港最高的塔楼；2. 在一亿三千万美元严格预算控制下，提供 170000 平方米办公面积；3. 建造一座与福斯特设计的汇丰银行一样的能给人以深刻印象的银行大楼。（龙炳颐）

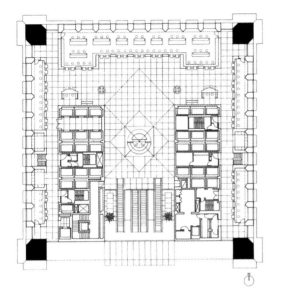
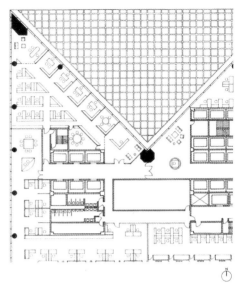

6 顶层内景
7 三层平面
8 26 层平面
9 38 层平面
10 51 层平面

图和照片由贝聿铭建筑师事务所（I. M. Pei）提供

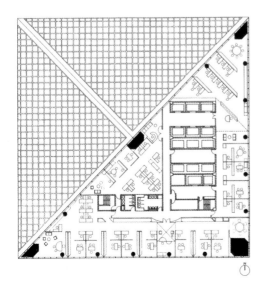
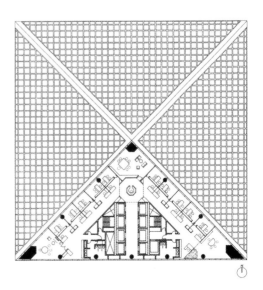

75. J&S 大楼

> 地点：首尔，韩国
> 建筑师：曹建永
> 设计 / 建造年代：1989

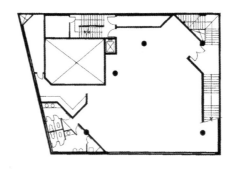

← 1 平面

　　本建筑是为反映韩国后期产业社会的艺术而诞生的后现代主义建筑。

　　在这个作品中，核心部分的混凝土实体与商家部分的钢骨线条形成对比，三角形是造型语言的主体。混凝土实体笨重地稳住了看起来比较乱的钢筋线条。同时三角形的尖角让人感到速度的存在。另外在建筑上部贴了一个三角形的尖塔，把所有的尖角集中在一个地方，给人以一种刺破天空的上升感。最高处混凝土尖角的处理重复了钢骨线条的造型。钢骨线条部分在顶部的处理是以平面上的交叉从而在立面上形成了视觉上的三角形象，再一次重复了三角形的造型语言。商家部分的墙面是完全透明的玻璃和露出的钢骨，悬挂似的结构给人以轻盈的感觉，仿佛在玩秋千似的，给人以丰富的想象力。

　　平面看起来很自由，实际上包含了典型的母题体系与几何学的秩序，即构成主义几何学的合理性。把构造骨骼自然露出同时放弃细部与装饰，表现出对当时存在的建筑的批判与挑战的精神。

　　建筑内部也是通过各种管道与结构的外露表现出一种野性的美感，反映出对当时的建筑思想与社会秩序的反抗。这种反抗正是后现代主义建筑的精神。（金鸿植）

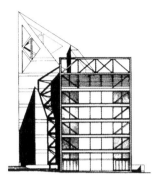

2 剖面
3 立面
4 外观

图和照片由金鸿植提供

76. 五一竞技场

地点：平壤，朝鲜
建筑师：施坚希，施山河
设计 / 建造年代：1989

它的建筑面积为207000平方米，可容纳15万人，运动场面积22500平方米，有三个辅助竞技场。在观众席上面用16个半圆形壳体构造覆盖，这种类似降落伞形式的壳体屋盖在1989年日内瓦第16届国际发明新技术展上得了金奖。

以前一般都主张以建筑群来形成的都市与村庄只有通过非反复以及多样的形式来设计，才能使人引起美学情绪。而放弃现有的惯例与以前的方式，就能够以开拓的眼光并根据划时代的构思来创作建筑。利用对称的重复的造型也可以表现建筑师的创作个性。在这一点上看，这作品是又单纯、又坚强、又轻快的建筑设计杰作。（金鸿植）

↑ 1 全景
↘ 2 内景

照片由朝鲜建筑家联盟提供

77. 国家奥林匹克体育中心

地点: 北京, 中国
建筑师: 北京市建筑设计研究院马国馨等
设计/建造年代: 1986—1990

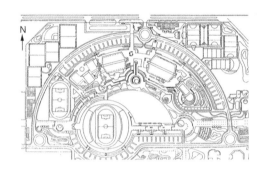

← 1 体育中心总平面

国家奥林匹克体育中心是为举办第11届亚洲奥林匹克运动会而建。中心第一期工程占地66公顷，建有20000座的体育场，6000座的综合体育馆，6000座的游泳馆，2000座的曲棍球场，以及练习馆、检录处、医务检测中心和其他练习场地。

体育中心的规划设计，吸取了古都北京严谨的布局，规整的中轴线，以及故宫、天坛等建筑群的总体布局手法，用环形的道路和自由的建筑配置，形成了具有传统特色的群体组合方式。该中心的各个建筑有机地组合成建筑组群，在严谨的布局中富于变化，又在多样的变化中保持协调统一。综合体育馆和游泳馆采用双坡曲线金属屋面以及塔筒和斜拉索，表现了体育建筑力和技巧的特性，是传统建筑风格和现代技术的结合。(张祖刚)

↑ 2 体育中心全景（由西向东望）
↑ 3 游泳馆内景

↑ 4 体育中心鸟瞰（由东向西望）

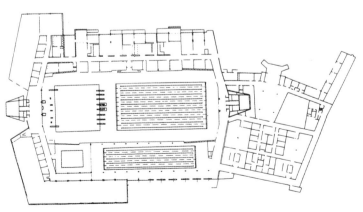

↑ 5 隔湖远望游泳馆
（由南向北望）
← 6 游泳馆平面

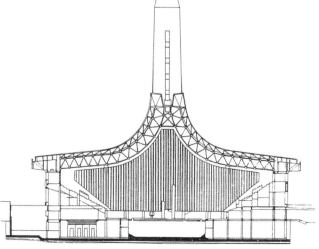

7 游泳馆近景

8 游泳馆剖面

图和照片由北京市建筑设计研究院
提供

78. 宾珠宝廊

地点: 首尔，韩国
建筑师: 金洹
设计/建造年代: 1989—1990

↑ 1 平面
→ 2 近景

这是一个宝石商店，我们无法回避挡住它的那个大大的玻璃箱子——海特旅馆，为了与它形成对比，设计者以具有冰凉触感的金属板来表现宝石的几何学的光泽。它基本上是一个在四方形的平面上利用对角线因素以及四角锥形象组合扭曲形成的几何学上的结晶体。从外形上看，它像是一个放射光芒的宝石。建筑上的窗户以及墙面的铝合金板都采用隐框的形式。玻璃的触感与铝合金相似，但对光的反射却不一样，玻璃板与铝合金板在立面上采用像马赛克一样的平面构成方法，形成立面上的一大特色。

它采用了与过去的工字钢结构形式不同的新的钢结构形式，在建筑内部将结构外露，并利用这种结构外露悬挂灯具和设置货架。内部空间完全没有柱子，使室内空间具有非常强的灵活性。这是一幢对新造型进行探索的新的后现代主义建筑，它给人一种冰冷的现代印象。不管这本身是不是设计者的意图，它毕竟反映了金融资本的冷酷。（金鸿植）

↑ 3 外观
← 4 剖面

图和照片由金鸿植提供

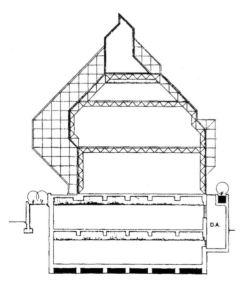

79. 宏国大厦

地点：台北，中国
建筑师：李祖原事务所
设计/建造年代：1986—1990

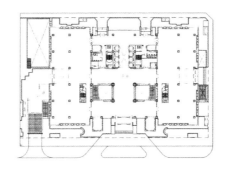

↙ 1 一层平面

这座富有魅力的办公大厦，是李祖原毕生追求"现代中国建筑"的一个里程碑。设计采用以中央电梯为核心的办公大厦的典型平面，而其设计的主要着力处在对立面的处理上。建筑体形的底部略似中国祭典用的烛台，逐渐收分向上达到顶部而支撑起其屋顶，屋顶部分凸出的装饰构件产生了深刻阴影。在前立面中部凹进去的空间前，插入了很大的结构装饰件，使建筑产生了视觉上的艺术效果。这一设计利用现代办公楼的材料，如金属板材、花岗石面料和彩色玻璃等，大胆夸张地显示出变形的中国建筑的主题和木结构节点。这一成功而有争议的项目引起了公众的注意，并在台北后现代风格的城市景观中创造了一个如同中国纪念碑的迷人形象。

（王维仁）

↑ 2 大堂内景

3 外观
4 夜景

图和照片由建筑师提供

80. 清华大学图书馆新馆

地点：北京，中国
建筑师：关肇邺，叶茂煦
设计/建造年代：1991

清华大学图书馆新馆在老馆之西并与它相连。老馆是由美国建筑师墨菲和中国建筑师杨廷宝于1919年和1931年两次设计建成的，是中国近代建筑史中的名作。

在新馆的创作中，设计者以"尊重历史、尊重环境、尊重先人的创作"为指导思想，使新馆和老馆结合在一起，成为清华大学中心建筑群中和谐和富有时代感的一员。新馆的建筑面积20120平方米，约为老馆的三倍。为了避免突出自己而置老馆于从属地位，首先把新馆高大的主体部分后移，而以低层部分布置在前方，同时把正门隐蔽于半开敞的前院之内，以避免对老馆形成压倒态势。（王伯扬）

↑ 2 庭院

↑ 3 目录厅

← 4 从院子眺望讲演厅

照片由建筑师提供

81. 万国宝通银行大厦

地点: 香港，中国
建筑师: 许李严设计有限公司
设计/建造年代: 1989—1992

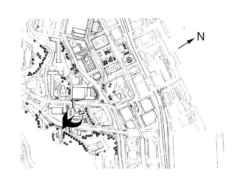

◁ 1 总平面

贝聿铭的中国银行大厦如此强有力地控制着香港的天际线，对其恰如其分的应答是什么呢？严迅奇，一位年轻的当地建筑师，当他受命探寻万国宝通银行大厦恰当的解决方案时，年仅37岁，而该建筑就临近贝聿铭设计的中国银行大厦。严迅奇的设计是L形塔楼，40层至50层高，连接在一起的L形双塔在其前部形成了开放的广场。塔楼巧妙地退后至南侧地界而建，使得九层高的入口大厅与开放广场的景观和远处中国银行大厦的景观庭园融为一体。

大厦外装为光滑的银灰色镜面玻璃，其中一栋塔楼呈曲面展开，有意与棱角分明的中国银行大厦呈现出不同的外观。尽管大厦夹在两条快速道路之间，但它还是最大限度地纳入了维多利亚湾、香港公园、圣约翰教堂和渣打花园的美景。这一作品获得了1995年度香港建筑师协会银奖，它在香港建筑史上具有重要意义，因为这是本土培养的年轻的建筑师第一次在中环地区重要商业开发项目中赢得殊荣。严迅奇的初露锋芒是在1983年举办的巴黎巴士底歌剧院设计竞赛中，他获得了一等奖（共三名）。

（龙炳颐）

2 北面外观
3 入口细部
4 连接桥
5 底层平面

图和照片由建筑师提供

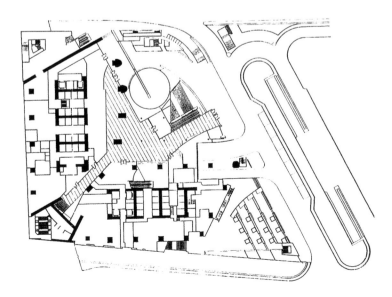

82. 琥珀山庄住宅小区

地点：合肥，中国
建筑师：合肥市城市改造工程指挥部
设计／建造年代：1992

琥珀山庄住宅小区位于合肥市区西侧。小区用地11.4公顷，总建筑面积117000平方米，共有各类建筑63幢。小区的规划设计利用了高低起伏和不规则的带状地形，将小区设计成为具有徽派山庄风貌的居住区。商业服务中心等公共建筑布置在下沉式广场周围，与环城公园连成一片。住宅组团基本上布置在高畅地段。向阳坡地布置跌落式住宅，各单元相互错开，层层跌落，既解决了高差问题，又丰富了景观。住宅单体着意于反映地方风貌，采用红顶白墙、坡屋面，典雅质朴，具有皖南民居风味。

（王伯扬）

1 住宅小区内的环湖住宅
2 住宅与庭院之一
3 住宅与庭院之二

照片由中国建筑工业出版社提供

83. 西汉南越王墓博物馆

|| 地点：广州，中国
|| 建筑师：莫伯治，何镜堂
|| 设计／建造年代：1993

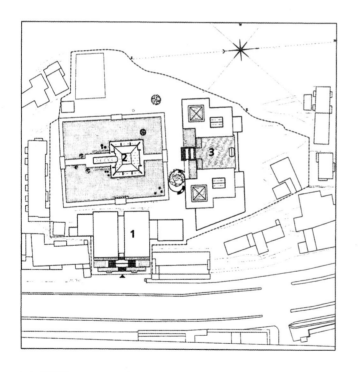

↑ 1 总平面
（1.主入口及陈列馆；2.墓室；3.珍
品馆）

→ 2 从回廊看墓室

广州西汉南越王墓博物馆是为保护被发掘出的南越国第二代王赵眜的墓而建的。该墓距今已有2000多年的历史，被国家列为重点文物保护单位。

该馆总体构思以突出古墓为主题，结合陡坡和山岗地形，沿中轴线依山建筑，拾级而上，通过磴道及回廊将入口陈列馆、古墓馆、珍品馆三个不同序列的空间连接成一个有机的整体。

陈列馆建在东面陡坡上，依山建筑，面向闹市，它的正面是一堵浮雕石壁，当中留出一线通道，为本馆的入口大门。

总的设计遵循现代主义原
则，融合了古典主义、民
族传统和地方特点，是一
座既与历史文化内涵相
通，又体现现代建筑特征
的古墓博物馆。(张祖刚)

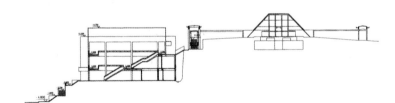

↑ 3 陈列馆主入口
← 4 剖面
↓ 5 鸟瞰

图和照片由广东省建筑设计研究院提供

84. 澳门消防站总部

地点：澳门，中国
建筑师：H. 品托
设计 / 建造年代：1991—1993

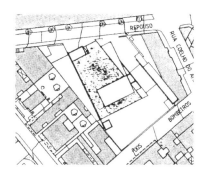

→ 1 总平面
↓ 2 西侧外观
↓ 3 立面

原消防站是20世纪早期的一座两层楼建筑。建筑师接受的委托是重修这座主体建筑，并设计一座包括消防员营房、器具室、设备仓库、演练塔和演练场、餐厅等在内的扩建工程。

新工程每个建筑的外形既符合现有老建筑的轴线方向，也符合消防队巷的轴线方向，其形体有的相互重合。为了创造一种强烈对比，在立面的不同层面上使用了不同的颜色

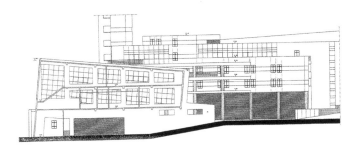

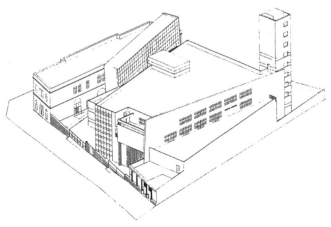

图由 H.品托提供，照片由王维仁
提供

和材料，新扩建部分的几
何图形可能显得复杂，然
而，由于它的抹灰墙和黄
色带状线条，使之与老建
筑取得了颇有趣味的对
话。〔王维仁〕

85. 新梅田大厦

地点: 大阪, 日本
建筑师: 原广司
设计 / 建造年代: 1993

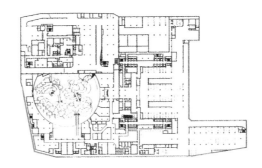

﹤ 1 地下一层平面

　　这是一幢办公大厦,但含有几部分向公众开放的设施,其中包括建筑底部的绿色庭园。40层高的双塔之间由两层的结构相连,连接体中心有一直径30米的圆洞,这就是空中庭园,距地面70米高,从电梯厅伸出的两部自动扶梯与其相通。这种皇冠式结构是在地面组配,然后升起并固定到位的。为强调出空中庭园飘浮的特点,大厦外装玻璃幕墙,映射着周边的城市风景。

　　引人注目的是,两栋玻璃塔楼与精细处理的皇冠状空中庭园在尺度上形成对比,表现出建筑师特有的设计。(长岛)

↑ 2 远景

← 3 近景
↓ 4 立面

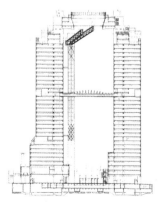

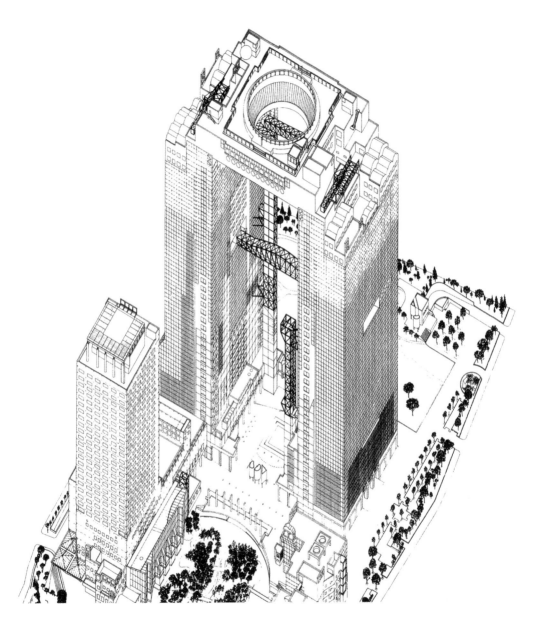

↑ 5 鸟瞰

6 仰视空中庭园
7 三层平面
8 22 层平面
9 39 层平面

图和照片由建筑师提供

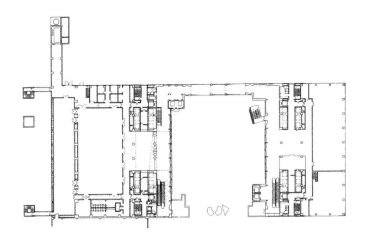

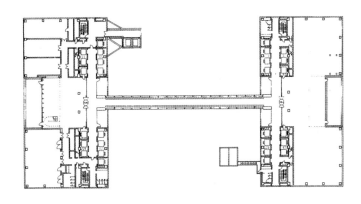

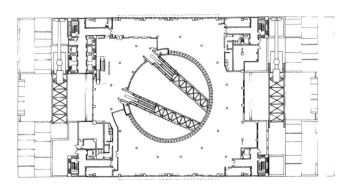

86. 菊儿胡同新四合院住宅

地点：北京，中国
建筑师：吴良镛等
设计/建造年代：1994

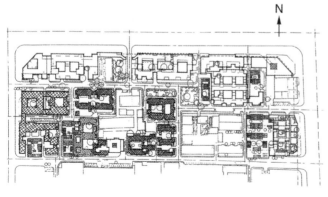

N

↑ 1 院内
↑ 2 总平面

菊儿胡同新四合院住宅是以楼房四合院标准院落为基础，根据地段条件以及保护原有树木等因素，将标准庭院发展为较为灵活的不规则形态的院落，并以里弄体作为院落之间交通联系的通道。新四合院住宅与保留的原有质量较好的平房四合院构成有机的整体。

四合院住宅文化是北京传统文化不可分割的一部分。菊儿胡同新四合院住宅继承和发扬了这一文化，探索出既具备现代公寓式住宅的私密性来适应现代生活，又保持传统四合院的邻里情调，并形

成与北京传统城市肌理相
协调的楼房四合院住宅模
式，反映了中国传统的文
化和价值观，创造性地继
承了中国城市文化，具有
高度的社会和经济的综合
性。本设计获1992年亚
洲建筑师协会优秀建筑金
奖及1993年世界人居奖。

（张祖刚）

↑ 3 鸟瞰

图和照片由吴良镛提供

87. 关西国际机场

地点：大阪，日本
建筑师：皮亚诺，冈部宪明
设计/建造年代：1994

关西国际机场是从1988年举办的国际指名设计竞赛应募的15个方案中选出的皮亚诺（Renzo Piano）与冈部宪明的作品，位于距大阪湾泉州冲5千米、面积为511公顷的人工岛上，有日本第一栋24小时服务的机场旅客候机楼。为使建筑内具有良好的流动性和可识别性，创造出没有遮挡的连续的内部空间。具有连续空间的机场建筑全长1.7千米，超出了当年常识中的建筑物的规模。建筑物长向的形态采用2次方基本曲线的断面形式，它是沿半径16.4千米的平缓圆弧

↑ 3 外观
↑ 4 主候机厅两侧之连续空间平面

经几何学的变化获得的。中央主要候机楼的屋顶形状是根据内部空调管道所排出空气的自然流动决定的。机场建筑通过基于地球规模的几何学与自然的力学，加之高度精细的细部，可以说是真正倡导技术与自然共生的20世纪90年代的象征。（岸）

↑ 5 主候机厅内景
↓ 6 剖面
↓ 7 连续空间纵剖面

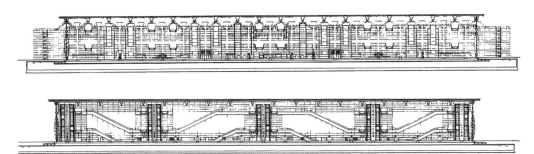

↑ 8 曲线形屋顶结构细部
↓ 9 主候机厅横剖面

图和照片由建筑师提供

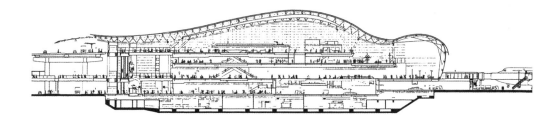

88. 东华大学餐厅

> 地点: 花莲，中国
> 建筑师: 姚仁喜建筑事务所，协和建筑师事务所
> 设计/建造年代: 1992—1995

餐厅位于新校园中心的湖边。遵照由校园规划师C.穆尔（Charles Moore）所提出的设计指导原则，这座建筑位置定于东西朝向，面向森林湖泊的墙面呈柔和曲线形。在其他的由诸多不同的建筑师设计的教学楼中间，这座餐厅在校园结构中既是整体中不可缺少的一部分，又是一座独特的建筑。

整个体形被分割成几个不同功能的形体而又集合在一个带形的人字屋顶下。建筑的上层则后退以形成层顶平台并与水面相调和。色彩丰富的涂料、瓷砖和玻璃砖等外表面材

1 东北角外观
2 东南侧外观

↑ 3 南侧外观
↓ 4 一层平面

（1.中餐厅；2.厨房；3.空调室；4.广
场；5.康乐室；6.门厅；7.人工湖）

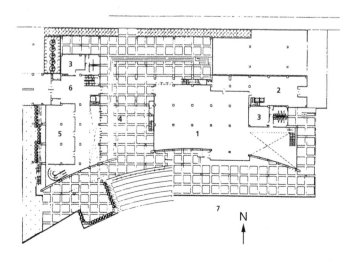

7

N
↑

料，既很突出同时又与前
景、铺地和园林景色完美
结合。这个项目代表了20
世纪90年代台湾地区新生
代建筑师作品的特质。（王
维仁）

图和照片由 Artech 公司提供

89. 上海博物馆

地点：上海，中国
建筑师：邢同和，滕典
设计／建造年代：1995

上海博物馆是中国著名博物馆之一，馆内藏有珍贵的古代文物12万件。博物馆新馆位于市中心人民广场的中轴线南端，北与市政府大厦遥相呼应。建筑总面积38000平方米，地下二层为文物库藏、学术研究、行政管理区，地上五层设有十个专题陈列馆和其他展厅。建筑师借用了中国古代宇宙观中的"天圆地方"学说，作为建筑创作之源泉，为这座著名城市建造了一座功能齐全、技术先进、造型独特的大型文化建筑。（王伯扬）

↑ 1 家具馆
→ 2 少数民族工
    艺馆

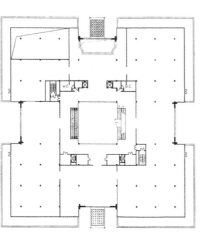

↑ 3 博物馆外观
← 4 二层平面

↑ 5 青铜馆
↘ 6 四层平面

图和照片由上海建筑设计研
究院提供

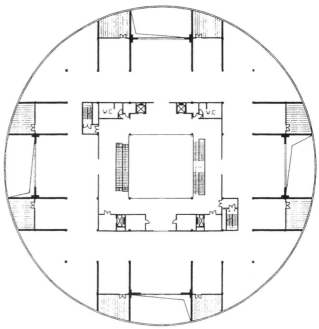

90. 巴伦孙中心

地点：首尔，韩国
建筑师：李中昊，杨男哲
设计/建造年代：1995

进入20世纪90年代，从欧洲来的建筑信息大量流入韩国，在欧洲留学回来的建筑家也开始活跃。他们从以前以外观为主进行设计的建筑观中解放出来，认识到建造有空间感的建筑的重要性。

这个作品造型语言很美，并且与周边都市无序的环境很调和，同时在内部创造出现代的空间。这是对这个作品的最高评价。这个作品利用周边环境的高低来确定自己的造型，在高度上与周围的低建筑在顶部形成水平的视觉连通，同时为了与低建筑的混乱形象相适应，它

还露出了部分钢结构。为了减少高度上的重压感，采取了分散造型的设计手法。用体块与板面的交叉形成优美的韵律，这种韵律同样又反映在空间上，它给人以一首诗的感觉，因而得到了评论家的表扬。

这个作品虽然是对西欧作品的模仿，但是在造型上有很好的表现，摆脱了只是在抄写西欧建筑的低水平状态。这是韩国商业主义建筑的一个成功例子。它是反映了经济现实在现代建筑中引起作用的后现代主义的作品。（金鸿植）

91. 葛西临海公园观景休憩广场

地点：东京，日本
建筑师：谷口吉生
设计 / 建造年代：1995

↑ 1 远景
↑ 2 内景
→ 3 外观

照片由建筑师提供

观景休憩广场建在东京东部沿海的公园内，是供来访者休憩、观景的设施。它由进深7米、长75米、高11米的玻璃箱体和钢筋混凝土结构的基坛部分组成。初看似乎支撑玻璃箱体的结构不存在，其实支托玻璃的窗框本身就是精细的结构柱，形成筐状的结构体。内部由平缓的楼梯和坡道把观景流线连接在一起，这样，公园道路自然而然地引入建筑中，创造出像在立体园路中散步的空间。由于遮挡视线的建筑要素非常少，散步者就好像是浮游在空中。由同一设计者谷口吉生（Yoshio Taniguchi）设计的葛西临海水族园（1989年）处在同一区域，并与该设施相临，同样通过建筑创作出独特的风景。精致的筐状支撑着建筑，特别是在其独特透明性中，潜藏着日本建筑的洗练手法，这是日本现代建筑发展过程的一种归结。（中谷）

92. 圣保罗教堂重建工程与博物馆

地点: 澳门, 中国
建筑师: C.达·格拉萨, 韦先礼
设计/建造年代: 1990—1996

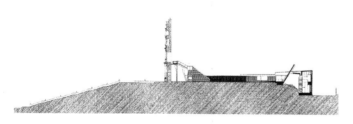

↑ 1 老立面后新建的附属建筑
↑ 2 剖面

圣保罗教堂（当地民众称作"大三巴"——编注）最初建于1582年，但不久即毁于大火。现存立面的原教堂建于1640年，而又于1835年被火灾所毁。仅剩下的花岗石正立面历经百余年幸存下来，并成为澳门的城标。作为重建工程的一部分，在正立面的后面建造了一个钢结构的小甬道，以便人们可登上而俯瞰整个场地。场地内现已用混凝土和石料铺盖地面，并在凹陷处有来自地下的灯光。建筑师格拉萨和韦先礼将博物馆扩建设置于正立面另一端的地下，其设计是为显

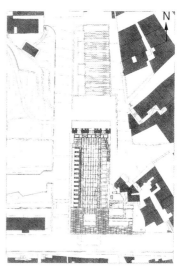

3 老教堂的正立面
4 总平面

示历年来教堂的各个层次的考古遗物。博物馆使用了混凝土、钢材和玻璃等现代材料，但仍然通过巧妙地运用灯光和空间的戏剧性效果而设法唤起大教堂的神秘感。（王维仁）

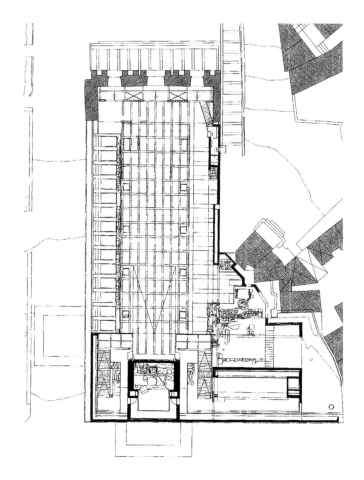

↑ 5 广场上重新铺盖的地面
← 6 一层平面

图和照片由建筑师提供

93. 多媒体工作室

地点: 东京, 日本
建筑师: 妹岛和世, 西泽立卫
设计/建造年代: 1996

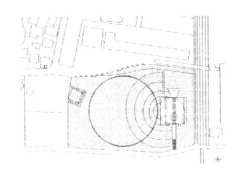

这座建筑是处理多媒体的实验工作室, 由研究室和展示室组成。研究者可以在此滞留一定时间, 进行创作并举办活动。建筑物沉入地下1.8米左右, 周围由绿草庭园环抱。细长的平屋顶朝向草坪庭园, 一边平缓地嵌入其中, 从一端可以登上屋顶, 并可由此进入建筑内部, 内部平面呈四方形, 像是根据研究室、事务所、附属设施等不同功能均等分割, 平面设计非

1 总平面
2 内景之一

↑ 3 外观
↓ 4 西立面

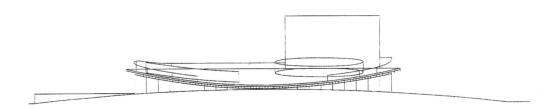

常独特。设计者妹岛和世
（Kazuyo Seijima）以及西
泽立卫（Ryue Nishizawa）
有意避开既存的建筑空间
序列，只是把抽象的动
线和要求的功能条件用
心地在建筑中加以体现。
这种强烈抽象性的表现
涉及平面设计，直至结
构和用材的选择（对设计
者来说，这种序列也许是
不存在的）。这种探讨建
筑构成的尝试是与近来
建筑用材的发展密切相
关的。(中谷)

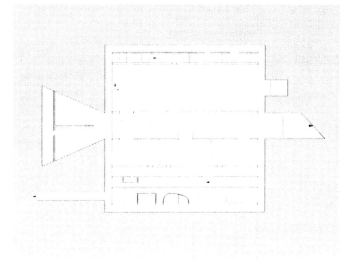

↑ 5 内景之二
↷ 6 一层平面

图和照片由建筑师及吴耀东提供

94. 上海体育中心

地点: 上海, 中国
建筑师: 魏敦山 (体育场、游泳馆), 汪定曾 (体育馆)
设计/建造年代: 1975 (体育馆), 1983 (游泳馆), 1997 (体育场)

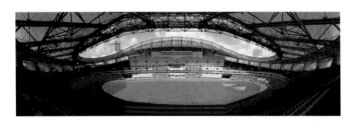

↑ 1 游泳馆内景
↑ 2 体育场场内全景

上海体育中心是上海市市级体育场所, 可以举行全市、全国和国际性的体育竞赛、大型文艺演出和公众集会。中心内主要建筑有: 18000座的体育馆, 平面为圆形, 其直径为124.6米; 4000座的游泳馆, 平面为六角形; 80000座的体育场, 平面为圆形, 直径300米, 建筑面积近170000平方米, 是一座高达70余米的巨型马鞍形建筑。体育场三层环形看台之间, 设有103套豪华包厢。体育场西侧设有高11层、拥有客房360套的四星级宾馆; 南侧设有8450平方米的展览和交流活动

↑ 3 体育场鸟瞰
→ 4 体育中心总平面
  （1.体育场；2.体育馆；3.游泳馆；
  4.练习场；5.运动员之家；6.奥林匹
  克俱乐部；7.停车场；8.拟建网球场）

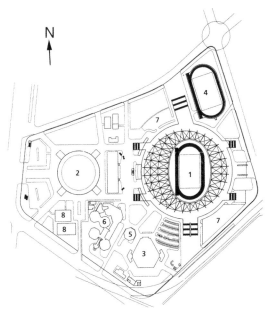

大厅；东侧看台下方的一层和地下层为18000平方米的大型室内水上娱乐中心"海洋世界"，设有海滩冲浪、漂流、潜水、攀岩等活动项目；北侧设有购物商场。体育中心的设计充分考虑满足各种体育竞赛的功能要求，采用先进的建造技术，在建筑造型上力图体现体育建筑简洁、朴实和健康的形象。

（王伯扬）

↑ 5 体育馆外观
↓ 6 体育场一层平面
　　（1.火炬台；2.宾馆大堂；3.足球运动专业用房；4.田径运动赛后控制中心；5.展示中心；6.办公管理用房；7.海洋世界；8.体育器材仓库；9.商场）

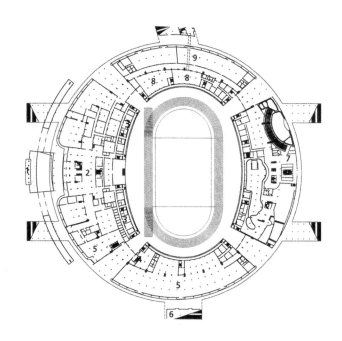

图和照片由上海建筑设计研究院提供

95. 香港会议展览中心扩建工程

地点：香港，中国
建筑师：王欧阳建筑事务所，SOM 建筑事务所
设计 / 建造年代：1993—1997

1997 年 7 月 1 日 0 点，中国国家主席江泽民和英国查尔斯王子在这里进行了极为庄严的将香港主权交还中国的仪式。克林顿总统一年之后也在此向一次集会致辞。香港会议展览中心在它扩建竣工之后接受的电视新闻报道，可能比这一年中对白宫和中国长城的报道还要多。

在 1997 年 6 月 30 日至 7 月 1 日发生的，包括 3000 人餐宴在内的接连不断的活动之后，来自全世界的 4000 位客人目睹了庄严的主权移交仪式，而扩建工程就在此一时刻的 11 小时前竣工。它的设计明

→ 1 北立面细部

↑ 2 西侧外观
← 3 会展中心北侧外观
　　（背景为香港中环的高层建筑）

显地显示出香港特别行政区的高昂精神，以及庆贺一国两制在经济上的成功和政治上的英明。当地的王欧阳建筑事务所和美国的SOM建筑事务所合作，曾为其构思制作了30个工作模型，然后才选定了最终令人满意的方案——一只正欲展翅高飞的鸟的形象。

扩建部分和原有设施形成总面积为63000平方米的展览空间，成为亚洲最大的展览场所之一。由于是在填土上建造，因而在填土工程与基础工程之间有八个月的间隔，扩建部为了赶上最后限期而在两阶段中以快速施工法建成。它包含有三个展厅，一个4200座的无柱会议厅，一个大门厅，若干会议室和餐厅。（龙炳颐）

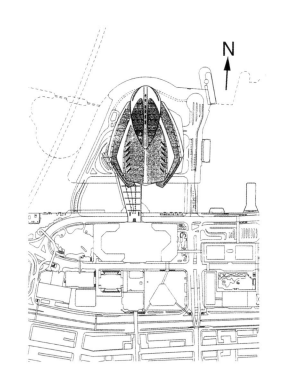

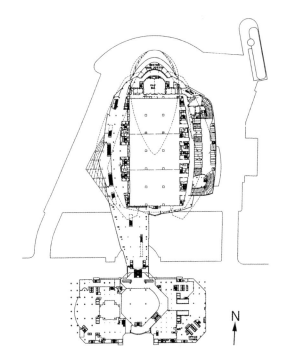

↑ 4 总平面
→ 5 二层平面

6 会议大厅内景
7 大门厅
8 剖面

图和照片由王欧阳提供

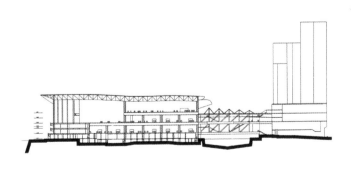

96. 韭菜住宅

地点: 东京, 日本
建筑师: 藤森照信
设计 / 建造年代: 1997

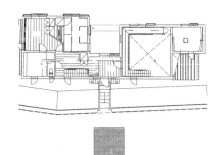

← 1 二层平面

↑ 2 茶室内景
↑ 3 屋顶上的韭菜花

建筑师为身为艺术家的友人建设的这座住宅，在屋顶上隔一定距离种上韭菜。这是根据20世纪70年代以来生态平衡的思想以及90年代引人注目的与环境共生的理念，以建筑与植物共存为题设计的作品，强调的不是"共生"，而是"寄生"。建筑师藤森照信（Terunobu Fujimori）同时也是建筑史家，重要的是他是从俯瞰现代建筑的立场出发进行设计的。他否定对国家和产业有所贡献的大艺术，提倡路上观察学，通过实践，确立了日本20世纪末 W. 莫里斯式的立场。

（土居）

4 外观（左侧为入口处的天桥）

5 纵剖面

图和照片由建筑师提供

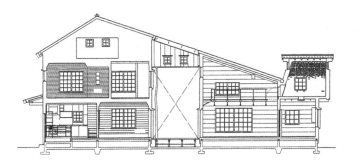

97. 上海大剧院

地点: 上海, 中国
建筑师: 法国夏邦杰建筑师事务所, 华东建筑设计研究院
设计/建造年代: 1998

← 1 入口大厅

上海大剧院建造于上海市政治、文化中心地带——人民广场西侧, 总建筑面积68000平方米。

整幢建筑物晶莹、透明、典雅、壮观。其屋顶向天空展开, 犹如中华民族的聚宝盆, 承接来自宇宙对人类的恩泽与智慧, 象征着上海对世界文化艺术的热情追求。平面采用中国传统布置方法, 环绕观众厅和舞台组合成"井"字形划分, 有机地组合主要舞台与次要舞台、观众厅和公共场所, 可进行歌剧、芭蕾舞和交响乐三种演出。

上海大剧院充满着

↑ 2 外观
⇒ 3 总平面
（1.大剧院；2.市府大厦；3.人民广
场；4.人民公园）

4

1

2

3

活力和梦幻，强烈地反映
了四个世纪以来的剧院建
设，并充分运用现代高科
技手段与新材料来充实营
造自身的形象，成为象征
上海的新的标志性建筑之
一。（张祖刚）

4 观众厅
5 剖面
6 一层平面
（1.入口；2.职工入口；3.演员入口；
4.贵宾入口；5.出口；6.公共休息室；
7.售票处；8.剧场；9.后台；10.排
练厅；11.小卖部）

图和照片由华东建筑设计研究院
提供

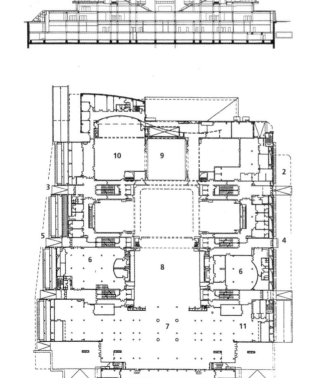

98. 蒙古人民银行

地点：乌兰巴托，蒙古
建筑师："Titem"有限公司（主持建筑师：G. 巴苏赫）
设计／建造年代：1998

◁ 1 一层平面

蒙古的社会改革向建筑师提出了严格的要求，他们必须在当时的现实条件下，正确而理性地解决银行系统所提出的一切需要。本设计在外形上遵循了三条基本思路：1. 要把银行所在的十字路口周围的原有不佳建筑形象改善成良好的转角形象；2. 建筑主体做成截去顶面的棱柱形，用以调整西北及北面的主导风压；3. 用挺拔的塔为主体，以大理石做局部饰面和镶边，从而取得发达国家常见的银行形象。在室内设计方面，按银行的功能需要，以分离的墙和隔断形成开敞流通空间。在中央部分的中庭里，借鉴了传统的蒙古包顶洞方式引入阳光，使整个空间的各部分在短时间内均能分享到直射的光。（关肇邺）

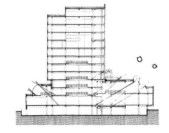

↑ 2 营业大厅内景
↑ 3 剖面

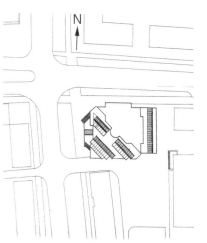

↑ 4 西南侧外观

← 5 总平面

图和照片由建筑师提供

99. 陆家嘴金融贸易区建筑群

地点: 上海, 中国
建筑师: 上海市城市规划设计研究院, 华东建筑设计研究院, 上海建筑设计研究院,
SOM 建筑事务所, WZMH 建筑事务所等
设计 / 建造年代: 1995—1998

陆家嘴金融贸易区位于上海黄浦江东岸, 与西岸的外滩隔江相望, 是实施上海城市开发战略的中心和21世纪上海CBD的重要组成部分。金融贸易区总体规划自1986年创意, 经国际咨询, 由上海城市规划设计研究院等四个单位组成深化规划小组深化完善后批准实施。

已建成的建筑主要有:

上海东方明珠广播电视塔 (1995年, 华东建筑设计研究院江欢成、凌本立等设计), 塔高468米, 建筑总面积65000平方米。塔身由三根直径9米的圆柱做支架, 并有11个不同大小的球体串起, 供广播电视发射、观光旅游、娱乐购物及空中旅馆之用。塔的结构形象雄劲有力, 已成为上海新的标志性建筑。

金茂大厦 (1998年, 美国SOM建筑事务所设计, 上海建筑设计研究院顾问), 建筑总面积289500平方米, 地上88层, 地下3层, 地面以上高度为420.5米, 为当时世界第三高楼。塔楼1层至50层为写字间, 53层至87层为五星级凯悦饭店。饭店内的中庭自54层空中大堂直通楼顶, 蔚为

1 总体规划模型
2 东方明珠广播电视塔总平面

壮观，88层为瞭望观光厅。
建筑设计力图将中国传统
"塔"的造型手法与世界
先进建筑技术融为一体。

　　证券大厦（1997年，
加拿大WZMH建筑事务
所设计，上海建筑设计研
究院顾问），建筑总面积
98000平方米，高27层，
造型犹如门洞，别具一
格。（王伯扬）

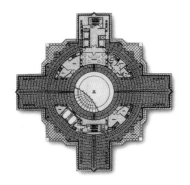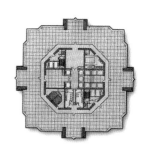

← 6 东方明珠广播电视塔远眺

↑ 7 金茂大厦平面

　　（左：第88层观光厅，中：客房，右：

　　办公层）

↗ 8 金茂大厦凯悦饭店中庭

图和照片由上海市城市规划设计研

究院、华东建筑设计研究院等提供

100. 香港国际机场旅客候机楼

地点：香港，中国
建筑师：N. 福斯特
设计/建造年代：1992—1999（一期），1999（二期）

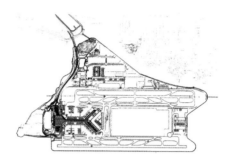

← 1 总平面

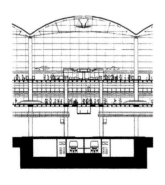

↑ 2 候机楼和运输中心剖面

1998年7月2日上午，中国国家主席江泽民在结束两天视察并参加完香港回归祖国一周年的庆典后，其专机首次从新机场离港。同一天晚上，美国总统克林顿的"空军一号"座机也首次降落在香港新机场，这是他对中国历史性访问的最后一站。新机场正式开航是在1998年7月6日，机场候机楼从初步设计开始，花费了不到六年的时间（其中约21个月是初步设计，36个月是建设

期）。该建筑是当时世界上最大的围合空间，N. 福斯特1991年设计完成的伦敦斯坦斯特德机场（London Stansted Airport），其简明的理念就是以大尺度来创造这一巨大的航空港，它宣告了机场是可以从外太空观测到的少量人造物之一。

新机场位于从大屿山到赤鱲角的海上1248公顷的人工岛上，其面积与九龙半岛相当。把机场与九龙半岛和香港岛连接起来

↑ 3 旅客候机楼和运输中心鸟瞰

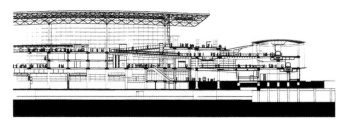

↑ 4 抵港大厅旅客登记处
← 5 中央大厅横剖面
→ 6 候机楼外观

的是两座双向的拉索大桥、一条三车道高速公路、一条越海隧道和一条高速铁路，乘高速铁路约需23分钟。

候机楼建筑面积516000平方米，1.27千米长，呈Y形布局，明确分为三层：上部的离港层、中部的抵港层和底部的服务层。服务层东侧是地面联系，西侧为航空联系，这种布局清晰地划分出旅客的动线。到2040年，新机场的旅客流量预计每年将达到8700万人次，相当于每年伦敦希斯罗机场和纽约肯尼迪机场旅客流量的总和。

新机场最明显的特征是大片的拱形屋顶，围绕着38个停靠机位和27个远程停机位，并拥有30000平方米的商业空间。拱形屋顶由一系列跨度为36米、高6米的轻质格网状屋面壳体单元组成，带有玻璃的钢构件在工厂预制，并全部在现场进行装配。屋顶设计具有很好的导向性，照明系统设置在屋顶中。设计中充分利用自然光，从屋顶顶部天窗渗透进来的自然光通过拱形屋顶的反射，使得离港大厅轻快明亮，令人振奋。拱形屋顶的高度和楼面面积的合适比例经过仔细计算，以确保全年能够获得恒常的室内温度。巨大的悬挂物遮挡住了眩光。

　　香港新国际机场获得了1998年度香港建筑师协会银奖，并在1999年世界工程师大会上被选为20世纪十大建设成就之一，当时世界范围内共有132个项目参加竞选，香港新国际机场也是唯一进入前十的亚洲项目。(龙炳颐)

↑ 8 行李大厅
↓ 9 离港层平面

图和照片由建筑师提供

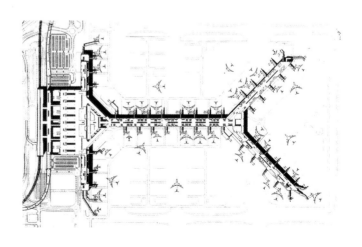

总参考文献

注：下列著作包含多种语言文字，括号内的英译名并非正式书名。

总目

1. Cruickshank, Dan (ed), *Sir Banister Fletcher's A History of Architecture*, 20th Edition. Oxford Architectural Press, 1996.
2. *Encyclopedia of 20th Century Architecture*, Harry N. Abrams, IC., 1981.
3. Frampton, Kenneth, *Modern Architecture, A Critical History*, Thames and Hudson Ltd., London, 1980.
4. Collins, Peter, *Changing Ideals in Modern Architecture* (translated into Chinese). P. 柯林斯，《现代建筑设计思想的演变 (1750—1950)》（英若聪译），中国建筑工业出版社，1987。
5. Grossel, Peter and Gabriele Leuthauser, *Architecture in the Twentieth Century*, Taschen, 1991.
6. Jencks, Charles, *Modern Movements in Architecture*, Penguin Books, 1973.
7. 陈志华，《外国建筑史（十九世纪末叶以前）》(*Pre-19th Century Foreign Architecture*) [in Chinese]，中国建筑工业出版社，1979。
8. 罗小未（主编），《外国近现代建筑史》(*Recent and Contemporary Foreign Architecture*) [in Chinese]，中国建筑工业出版社，1982。

9. 藤森照信、汪坦主编，《全调查：东亚近代都市和建筑》（日文版）(*A Comprehensive Investigation on Recent Cities and Architecture in East Asia*) [in Japanese]，大成建设株式会社，东京，1966。
10. 东京大学生产技术研究所藤森研究室，《世界都市·名建筑地图：东亚·东南亚篇》（日文版）(*World Atlas of Cities and Famous Architecture: Volume on East and Southeast Asia*) [in Japanese]，大成建设株式会社，东京，1966。

中国

中国大陆

1. 建筑工程部建筑研究院建筑理论及历史研究室中国建筑史编辑委员会，《中国建筑简史·第二册》(*A Brief History of Chinese Architecture*) [in Chinese]，中国建筑工业出版社，1962。
2. 潘谷西等，《中国建筑史》编写组，《中国建筑史》(*History of Chinese Architecture*) [in Chinese]，中国建筑工业出版社，1982。
3. 吴光祖，《中国现代美术全集·建筑艺术 (1)》(*Complete Collection of Chinese Contemporary Arts—Architecture, Volume 1*) [in Chinese]，中国建筑工业出版社，1998。
4. 邹德侬，《中国现代美术全集·建筑艺术 (2—5)》(*Complete Collection of Chinese Contemporary Arts—Architecture, Volume 2-5*) [in

Chinese]，中国建筑工业出版社，1998。

5. 汪坦、藤森照信主编，《中国近代建筑总览》(*A General Review of Recent Architecture in China*) [in Chinese]，中国建筑工业出版社，1995。

6. 郑时龄，《上海近代建筑风格》(*The Evolution of Shanghai Architecture in Modern Times*) [in Chinese]，上海教育出版社，1999。

7. 章明主编，《上海近代建筑》(*Recent Architecture in Shanghai*) [in Chinese](未刊稿)。

8. 高仲林主编，《天津近代建筑》(*Recent Architecture in Tianjin*) [in Chinese]，天津科技出版社，1990。

9. 常怀生主编，《哈尔滨近代建筑》(*Recent Architecture in Harbin*) [in Chinese]，黑龙江科技出版社，1988。

10. 中国建筑学会主编，《中国著名建筑设计院优秀设计作品集》(*Designs in Excellence by Eminent Chinese Architectural Design Institutes*) [in Chinese]，中国建筑工业出版社，1996。

11. 《建筑师》编委会主编，《中国百名一级注册建筑师作品选》(*Selected Works by 100 Class 1 Registered Architects in China*) [in Chinese]，中国建筑工业出版社，1998。

香港

12. *Dialogue, Architecture +Design+Culture*, special issue, Hong Kong 1997, the Changing Urbanism. Vol. 005. Taipei, 1997.

13. Dixon, Roger and Stefen Muthesius, *Victorian Architecture*. New York and Toronto: Oxford University Press, 1978.

14. Hong Kong Museum of History, *City of Victoria*, A Selection of the Museum's Historical Photographs. Urban Council of Hong Kong, 1994.

15. Kidson, Peter, Peter Murray and Paul Thompson, *A History of English Architecture*. Middlesex: Penguin Books Ltd., 1979.

16. Lambot, Ian and Gillian Chambers, *One Queen's Road Central*. Hong Kong: Hong Kong Bank, 1986.

17. Lampugnani, Vittorio Magnago (ed.), *Hong Kong Architecture, The Aesthetics of Density*. Munich: Peradruch GmbH, 1993.

18. Lung, Ping-yee, 《香港古今建筑》(*Architecture of Hong Kong—Past and Contemporary*) [in Chinese]. Hong Kong: Joint Publishing (H.K.) Co., Ltd., 1992。

19. Morris, Jan, *Building Hong Kong*. Hong Kong: Form Asia Books Limited, 1995.

20. Morris, Jan, *Hong Kong*. England: Penguin Books Ltd., 1988.

21. Purvis, Malcolm, *Tall Storeys*. Hong Kong: Palmer and Turner, 1985.

22. *Vision, Architecture and Design*. No.17, Hong Kong, 1984.

23. Wrighty, Arnold(Editor-in Chief), *Twentieth Century Impressions of Hong Kong—History, People, Commerce, Industries and Resources*, Singapore: Graham Brash, 1990.

澳门

24. Architects Association of Macau, *Macau Contemporary Architecture*, China Architecture and Building Press, 1999.

25. Brito, R. de S., *Imagens de Macau Agencia do Ultramar*, Lisbon, 1962.

26. Burnay, Diogo, "Architecture and the Presence of Metropolitan Culture in Macau", conference paper for *Culture and Metropolis in Macau*, Macau, 1998.

27. Carvalho, Joao, Taipa Coloane, *Macau da Outra Banda*, Macau: Camara Municipal das Ilhas, 1993.

28. Cremer, R.D. (ed.), *Macau, City of Commerce and Culture*, Hong Kong: UEA Press, 1987.

29. *Dialogue, Architecture+Design+Culture*, special issue, Macau 1999, Vol.030, Taipei, 1999.

30. Figuerira, F. and Marreiros, C., *Patrimonio Arquitectonico, Macau Cultural Heritage*, Macau: Instituto Cultural de Macau, 1988.

31. Manuel Vicente et Paulo Sammarful, *Habitations Sociales a Macau*, AA228. Sept. 1983, Lisbon.

32. Marreiros, Carlos, "Cultural and Architectural Preservation in the Perspective of a Mixed Portugese and Chinese City, Macau", conference *paper for The Future of Hong Kong's Part*, Hong Kong, 1991.

33. *No Afirmacao de Vma Identidade*, Macau: Instituto Cultural de Macau, 1997.

34. Prescott, Jon A. (ed.), *Macaensis Momentum, A Fragment of Architecture, A Moment in the History of the Development of Macau*, Hong Kong, Hewell Publications, 1993.

35. RC, special issue on *City and Architecture*, Instituto Culture de Macau, 1998.

台湾

36. 傅朝卿，《台湾现代建筑一百年（1895—1994）》(*Hundred Years of Contemporary Taiwan Architecture，1895–1994*) [in Chinese]。

37. 李乾朗，《台湾建筑百年（1895—1994）》(*Hundred Years of Taiwan Architecture，1895-1994*) [in Chinese]，室内杂志丛书，1995.

38. 李乾朗，《台湾建筑史》(*History of Taiwan Architecture*) [in Chinese]，雄狮图书股份有限公司，五版，1995.

39. 李乾朗，《台湾建筑阅览》(*Reading Taiwan Architecture*) [in Chinese]，玉山社出版事业股份有限公司，1997.

40. 李乾朗，《台湾近代建筑之风格》(*Recent Architectural Styles in Taiwan*) [in Chinese]，室内杂志丛书，1994.

41. 《台湾现今设计观察》(*Observation on Present Designs in Taiwan*) [in Chinese], SD 9402.

42. 台北市建筑师公会，《台北建筑》(*Taipei Architecture*) [in Chinese], 1985.

43. 傅朝卿，《光复后台南市现代建筑》(*Contemporary Architecture in Tainan after Liberation*) [in Chinese]，台南市政府印行，1996.

44. 台湾建筑专辑 (Special Issue on Taiwan Architecture) [in Chinese],《世界建筑》(*World Architecture*) 9803.

日本

1. 太田博太郎，《日本建筑史序说》(*An Introduction to the History of Japanese Architecture*) [in Japanese]，彰国社，1947.

2. 关野克，《明治、大正、昭和 历史》(世界美术全集第25集) (*History of Meiji, Taishiao, Shiaowa—Collections of World Arts, Volume 25*) [in Japanese]，平凡社，1956.

3. 稻垣荣三，《日本 近代建筑》(*Recent Japanese Architecture*) [in Japanese]，丸善书店，1959.

4. 村松贞次郎，《日本建筑技术史》(*History of Japanese Building Technology*) [in Japanese]，地人书馆，1959.

5. 村松贞次郎，(日本建筑家山脉) (*Historical Veins of Japanese Architects*) [in Japanese]，鹿岛出版会，1959.

6. 山口广，《解说，近代建筑史年表 1750—1959》(*Interpretation to the Chronology of Recent Architecture 1750-1959*) [in Japanese]，建筑研究所，1968.

7. 《现代日本建筑家全集(1—24卷)》(*Complete Collection of Contemporary Japanese Architects Volume1–24*) [in Japanese]，三一书房，1970—1975.

8. 日本建筑学会编，《近代日本建筑学发展史》(*History of Recent Japanese Architectural*

Developments) [in Japanese]，丸善书店，
1972.

9. 村松贞次郎，《近代建筑技术史》(History of
Recent Japanese Building Technology) [in
Japanese]，彰国社，1976。

10. 村松贞次郎，《日本近代建筑史》(History
of Recent Japanese Architecture) [in Japa-
nese]，日本放送出版协会，1977。

11. 村松贞次郎等，《日本近代建筑史再考——虚
构崩溃》(A Reflection on Recent Japanese
Architecture—The Collapse of a Vision) [in
Japanese]，新建筑社，1977。

12. 佐佐木宏监修，《建筑昭和史》(History of
Shaowa Architecture) [in Japanese]，新建
筑社，1977。

13. 《日本 现代建筑》(Contemporary Japanese
Architecture) [in Japanese]，《新建筑》(New
Architecture)，1978 年 11 月临时增刊。

14. 《日本 建筑——明治、大正、昭和 (10 卷)》
(Japanese Architecture—Meiji, Taiseiao
and Shaowa，in 10 volumes) [in Japa-
nese]，三省堂，1979—1982.

15. 稻垣荣三，《日本 近代建筑 (成立过程)(上、
下)》(Recent Japanese Architecture—Its
Formative Process) [in Japanese]，鹿岛出版
会，1979.

16. 《建筑战后 35 年史——21 世纪系》(35 Years
of Postwar Japanese Architecture as related
to the 21st Century) [in Japanese]，《新建筑》，
1980 年 7 月临时增刊。

17. 《日本 建筑家》(Japanese Architects) [in
Japanese]，《新建筑》，1990 年 8 月临时增刊.

18. 铃木博之，《现代建筑家》(Contemporary
Architects) [in Japanese]，晶文社，1982。

19. 铃木博之，《现代日本建筑 1958—1985》(Con-
temporary Japanese Architecture—1958–
1985) [in Japanese]，讲谈社，1984。

20. 1980–1990 POSTMODERN AGE [in Japa-
nese]，《新建筑》，1990 年 8 月临时增刊。

21. 《日本建筑学会百年史 (1886—1985)》(The
Hundred Years of the Architectural Society

of Japan) [in Japanese]，日本建筑学会，
1990 年。

22. 《建筑 20 世纪 (Part 1)》(20th Century Archi-
tecture—Part 1) [in Japanese]，《新建筑》，
1991 年 1 月临时增刊.

23. 《建筑 20 世纪 (Part 2)》(20th Century Archi-
tecture—Part 2) [in Japanese]，《新建筑》，
1991 年 6 月临时增刊.

24. 铃木博之，山口广，《新建筑学大系 (5)——
近代、现代建筑史》(A Grand Collection of
New Architecture(5)—Recent and Contem-
porary Architecture) [in Japanese]，彰国社，
1993.

25. 藤森照信，《日本 近代建筑——大正·昭
和篇 (上、下)》(Recent Architecture in Ja-
pan—Volume on) [in Japanese]，岩波书店，
1993.

26. 村松伸，《超级：同时代建筑》(The Super
Asian Modern: Contemporary Asian Archi-
tecture) [in Japanese]，鹿岛出版会，1995.

27. Ross, M. F., Beyond Metabolism—The New
Japanese Architecture, New York, 1978.

28. Bognar, B., Contemporary Japanese Archi-
tecture—Its Development and Challenge,
New York, 1985.

29. Suzuki, H., Banham, R. and Kobayasi, K.,
Contemporary Architecture in Japan (1958–
1984), London & New York, 1985.

30. Stewart, David B., The Making of a Modern
Japanese Architecture(1968 to the present),
Tokyo and New York: Kodansha Internation-
al, 1987.

31. 藤森照信，《日本近代建筑史研究的历程》(The
Progress in Recent Japanese Architecture
Study) [in Chinese]，《世界建筑》(World
Architecture)，1986 年 6 月.

32. 藤森照信，《后现代主义的理论和表现》
(Theories and Expressions of Post-Modern-
ism) [in Chinese]，《世界建筑》，1989 年 4 月.

33. 马国馨，《日本建筑文化浅析——吸收与创新》
(A Short Treatise on Japanese Architectural

Culture—Absorption and Creation) [in Chinese]，清华大学工学博士论文，1991。

34. 吴耀东，《日本现代建筑》(Contemporary Japanese Architecture) [in Chinese]，天津科学技术出版社，1997。

朝鲜、韩国

1. Park, Sam Y., *Korean Architecture—In the Land of Morning Calm*, in 2 vols. Korea: Dong-A Printing Co., 1991.

2. The Korean Institute of Registered Architects, *Contemporary Asian Architecture*, Seoul: Bai-Fon Publishing Co., 1994.

3. Suh, Sang-woo, *Museums of Korea* (in Korean), 技文堂 , 1995.

4. Kim, In Il(ed.), *Pyongyang*, 1990.

英中建筑项目对照

1. Myongdong Church, Seoul, ROK, arch. Father Kost
2. Aomori Bank Memorial Hall, Aomori, Japan, arch. Sakichi Horie
3. German Governor's Mansion, Qingdao, China, arch. Strasser and Mahlke
4. Kaitou Kaku, Tokyo, Japan, arch. Josiah Condor
5. Nara Hotel, Nara, Japan, arch. Kingo Tatsuno
6. Akasaka Imperial Villa, State Guest House, Akasaka, Japan, arch. Toukuma Katayama
7. Sokchojun in Duksoogung Palace, Seoul, ROK, arch. G. R. Harding
8. Ganghwa Catholic Church, Ganghwa, ROK, arch. Unknown
9. Mitsui & Co. Ltd Yokohama Office, Yokohama, Japan, arch. Oto Endo and Yunosuhe Sakai
10. Tokyo Station, Tokyo, Japan, arch. Kingo Tatsuno
11. Shikumen-Type Housing in Yuyang Lane, Shanghai, China, arch. Unknown
12. Governor's Office, Taipei, China, arch. Nagano Uhezi
13. Imperial Hotel, Tokyo, Japan, arch. Frank Lloyd Wright
14. Central Telegraph Office, Tokyo, Japan, arch. Mamoru Yamada

1. 明洞圣堂，首尔，韩国，建筑师：J. 科斯特（神父）
2. 青森银行纪念馆，青森，日本，建筑师：崛江佐吉
3. 德国总督官邸，青岛，中国，建筑师：斯特拉瑟，马尔克
4. 开东阁，东京，日本，建筑师：J. 康德尔
5. 奈良旅馆，奈良，日本，建筑师：辰野金吾
6. 赤坂离宫，东京，日本，建筑师：片山东熊
7. 德寿宫石造殿，首尔，韩国，建筑师：G. R. 哈丁
8. 江华圣公会圣堂，江华，韩国，建筑师：不详
9. 三井物产大楼，横滨，日本，建筑师：远藤於菟，酒井右之介
10. 东京车站，东京，日本，建筑师：辰野金吾
11. 渔阳里石库门住宅，上海，中国，建筑师：不详
12. "总督府"，台北，中国，建筑师：长野宇平治
13. 帝国饭店，东京，日本，建筑师：F. L. 赖特
14. 中央电信局，东京，日本，建筑师：山田守

15. Yenching University, Beijing, China, arch. Henry Killam Murphy

16. Cho Chiku Kyo, Kyoto, Japan, arch. Kojii Fujii

17. Dr. Sun Yat-sen Mausoleum, Nanjing, China, arch. Lu Yanzhi

18. Dr. Sun Yat-sen Memorial, Guangzhou, China, arch. Lu Yanzhi and Lin Keming

19. Nishi-Hongannji Temple, Tsukiji Branch, Tokyo, Japan, arch. Chuta Ito

20. Open-Air Music Stage, Nanjing, China, arch. Yang Tingbao

21. West Nanjing Road Buildings, Shanghai, China, arch. Ladislaus Hudec et al.

22. Main Building of the Bo-Sung Special Universty, Seoul, ROK, arch. Park Dongjin

23. Hong Kong & Shanghai Banking Corporation, Hong Kong. China, arch. Palmer and Turner

24. Seoul City Assembly, Seoul, ROK, arch. Lee Cheonseung

25. Tsuchiura Residence, Tokyo, Japan, arch. Kameki Tsuchiura

26. The Bund(Waitan)Buildings, Shanghai, China, arch. Palmer & Turner, Lu Qianshou, et al.

27. The Moller Mansion, Shanghai, China, arch. Unknown

28. Dalian Railway Station, Dalian, China, arch. Tada Sataro

29. Tokyo National Museum, Tokyo, Japan, arch. Hitoshi Watanabe

30. St. Mary's Church, Hong Kong, China, arch.I. N. Chau

31. Taipei Telephone Office, Taipei, China, arch. Construction Section, Ministry of Communication

32. Iwakuni Choko Kan, Yamaguchi, Japan, arch. Takeo Sato

33. Central Museum of Liberation, Pyongyang, DPRK, arch. Kim Diji Hang et al.

34. Railway Station, Pyongyang, DPRK, arch. Unknown

15. 燕京大学，北京，中国，建筑师：H.K.墨菲

16. 听竹居，京都，日本，建筑师：藤井厚二

17. 中山陵，南京，中国，建筑师：吕彦直

18. 中山纪念堂，广州，中国，建筑师：吕彦直

19. 筑地本愿寺，东京，日本，建筑师：伊东忠太

20. 中山陵音乐台，南京，中国，建筑师：杨廷宝

21. 南京西路建筑群，上海，中国，建筑师：邬达克等

22. 宝性专门大学校（现高丽大学）主馆，首尔，韩国，建筑师：朴东镇

23. 汇丰银行，香港，中国，建筑师：公和洋行

24. 汉城市民会馆（现首尔市议会），首尔，韩国，建筑师：李天承

25. 土浦龟城自邸，东京，日本，建筑师：土浦龟城

26. 上海外滩建筑群，上海，中国，建筑师：公和洋行，陆谦受等

27. 马勒住宅，上海，中国，建筑师：不详

28. 大连火车站，大连，中国，建筑师：太田宗太郎

29. 东京国立博物馆，东京，日本，建筑师：渡边仁

30. 圣玛丽教堂，香港，中国，建筑师：周耀年

31. 台北电报局，台北，中国，建筑师：邮政管理局建设处

32. 岩国征古馆，山口，日本，建筑师：佐藤武夫

33. 朝鲜革命博物馆，平壤，朝鲜，建筑师：金崎亨等

34. 平壤火车站，平壤，朝鲜，建筑师：不详

35. Museum of Modern Art, Kamakura, Kanagawa, Japan, arch. Junzo Sakakura

36. Beijing Children's Hospital, Beijing, China, arch. Leon Hua and Fu Yitong

37. Hiroshima World Peace Memorial Cathedral, Hiroshima, Japan, arch. Togo Murano

38. Hiroshima Peace Center, Hiroshima, Japan, arch. Kenzo Tange

39. Factory #2 of Chichibu Cement Co., Chichibu, Japan, arch. Yoshiro Taniguchi

40. Telegraph Building, Beijing, China, arch. Lin Leyi

41. Sky House–Kikutake Residence, Tokyo, Japan, arch. Kiyonori Kikutake

42. The Great Hall of the People, Beijing, China, arch. Zhao Dongri and Zhang Bo

43. The Cultural Palace of Nationalities, Beijing, China, arch. Zhang Bo et al.

44. Tokyo Metropolitan Festival Hall, Tokyo, Japan, arch. Kunio Maekawa

45. French Embassy, Seoul, ROK, arch. Kim Chungup

46. Campus Planning and Luce Church of Dung Hai University, Taichong, China, arch. I. M. Pei, C. K. Chen and Chao–kang Chang

47. The National Gymnasiums for the 1964 Olympic Games, Tokyo, Japan, arch. Kenzo Tange

48. Palace-Side Building, Tokyo, Japan, arch. Shoji Hayashi (Nikken Sekkei Ltd.)

49. Jimei School Village, Xiamen, China, arch. Tan Kah Kee et al.

50. Hillside Terrace Apartments, Tokyo, Japan, arch. Fumihiko Maki

51. Dr. Sun Yat–sen Memorial Hall, Taipei, China, arch. Dahong Wang

52. Nakagin Capsule Tower Building, Tokyo, Japan, arch. Kishyo Kurokawa

53. Monk Jianzhen Memorial Hall, Yangzhou, China, arch. Liang Sicheng and Zhang Zhizhong

35. 神奈川县立现代美术馆，神奈川，日本，建筑师：坂仓准三

36. 儿童医院，北京，中国，建筑师：华揽洪，傅义通

37. 广岛和平纪念圣堂，广岛，日本，建筑师：村野藤吾

38. 广岛和平会馆，广岛，日本，建筑师：丹下健三

39. 秩父水泥第二工厂，秩父，日本，建筑师：谷口吉郎

40. 电报大楼，北京，中国，建筑师：林乐义

41. 空中住宅，东京，日本，建筑师：菊竹清训

42. 人民大会堂，北京，中国，建筑师：赵冬日，张镈

43. 民族文化宫，北京，中国，建筑师：张镈等

44. 东京文化会馆，东京，日本，建筑师：前川国男

45. 法国大使馆，首尔，韩国，建筑师：金重业

46. 东海大学校园规划和路思义教堂，台中，中国，建筑师：贝聿铭，陈其宽，张肇康

47. 代代木国立室内综合体育馆，东京，日本，建筑师：丹下健三

48. 皇居旁大楼，东京，日本，建筑师：林昌二（日建设计）

49. 集美学村，厦门，中国，建筑师：陈嘉庚等

50. 代官山集合住宅，东京，日本，建筑师：槙文彦

51. 中山纪念馆，台北，中国，建筑师：王大闳

52. 中银仓体大楼，东京，日本，建筑师：黑川纪章

53. 扬州鉴真大和尚纪念堂，扬州，中国，建筑师：梁思成，张致中

54. Mineral Springs Guest House, Guangzhou, China, arch. Mo Bozhi

55. Gen-an, Aichi, Japan, arch. Osamu Ishiyama

56. Row House, Sumiyoshi-Azuma House, Osaka, Japan, arch. Tadao Ando

57. Hong Kong Art Center, Hong Kong, China, arch. Taoho Design Architects

58. Masan Catholic Church, Masan, ROK, arch. Kim Swoogeun

59. Cheju Museum of Folk Customs and Natural History, Cheju, ROK, arch. Kim Hong Sik

60. Hanil Bank Headquarters, Seoul, ROK, arch. Yoon Seungjoong

61. Fragrance Hill Hotel, Beijing, China, arch. Ieoh Ming Pei

62. People's Cultural Palace, Pyongyang, DPRK, arch. Ham Yi-yuen

63. Nago City Hall, Nago, Japan, arch. Team Zoo

64. Tsukuba Center Building, Tsukuba, Japan, arch. Arata Isozaki

65. White Swan Hotel, Guangzhou, China, arch. She Junan and Mo Bozhi et al.

66. Wuyi Villa, Fujian, China, arch. Qi Kang, Lai Jukui and Yang Zisheng

67. The National Noh Theater, Tokyo, Japan, arch. Hiroshi Ohe

68. Korea Hotel, Pyongyang, DPRK, arch. Unknown

69. Headquarters of the Hong Kong and Shanghai Bank, Hong Kong, China, arch. Norman Foster and Associates

70. Queli Guest House, Qufu, China, arch. Dai Nianci and Fu Xiurong

71. National Musuem of Contemporary Art, Gwachun, ROK, arch. Kim Taesoo and Kim Insuk

72. Olympic Athletes and Reporters Apartments, Seoul, ROK, arch. Woo Gyuseun and Hwang Ilin

54. 矿泉客舍，广州，中国，建筑师：莫伯治

55. 幻庵，爱知，日本，建筑师：石山修武

56. 住吉长屋，大阪，日本，建筑师：安藤忠雄

57. 香港艺术中心，香港，中国，建筑师：何弢

58. 马山圣堂，马山，韩国，建筑师：金寿根

59. 济州民俗自然史博物馆，济州岛，韩国，建筑师：金鸿植

60. 韩日银行总部，首尔，韩国，建筑师：尹生忠

61. 香山饭店，北京，中国，建筑师：贝聿铭

62. 人民大学习堂，平壤，朝鲜，建筑师：白时河

63. 名护市厅舍，冲绳，日本，建筑师：象设计集团

64. 筑波中心大厦，筑波，日本，建筑师：矶崎新

65. 白天鹅宾馆，广州，中国，建筑师：佘峻南，莫伯治等

66. 武夷山庄，武夷山，中国，建筑师：齐康，赖聚奎，杨子伸

67. 国立能乐堂，东京，日本，建筑师：大江宏

68. 高丽饭店，平壤，朝鲜，建筑师：不详

69. 汇丰银行，香港，中国，建筑师：福斯特事务所

70. 阙里宾舍，曲阜，中国，建筑师：戴念慈，傅秀蓉

71. 国立现代美术馆，首尔，韩国，建筑师：金泰修，金仁锡

72. 奥运村，首尔，韩国，建筑师：禹圭升，黄一仁

73. The New Beijing Library, Beijing, China, arch. Yang Yun, Zhai Zongfan and Hwang Kewu

74. Bank of China Tower, Hong Kong, China, arch. Ieoh Ming Pei

75. J. S. Building, Seoul, ROK, arch. Cho Gun-young

76. May 1st Acrobatic Stadium, Pyongyang, DPRK, arch. Se Jai Hi and Se Sang Ho

77. Olympic Sports Center, Beijing, China, arch. Ma Guoxin and BADI

78. Gallery Bing, Seoul, ROK, arch. Kim Won

79. Hong Kuo Business Tower, Taipei, China, arch. C. Y. Lee and Associates

80. The New Tsinghua University Library, Beijing, China, arch. Guan Zhaoye and Ye Maoxu

81. Citibank Plaza, Hong Kong, China, arch. Rocco Design Ltd.

82. Amber Hill Villa(Huposhanzhuang)Residential Quarter, Hefei, China, arch. UREH of Hefei

83. The Museum of the Nanyue King Mausoleum of the West Han Dynasty, Guangzhou, China, arch. Mo Bozhi and He Jingtang

84. Fire Station, Macau, China, arch. Helena Pinto

85. Shin Umeda City, Umeda Sky Building, Osaka, Japan, arch. Hiroshi Hara

86. New Courtyard Housing in Juer Hutong, Beijing, China, arch. Wu Liangyong et al.

87. Kansai International Airport, Passenger Terminal Building, Osaka, Japan, Osaka, arch. Renzo Piano and Noriaki Okabe

88. No. 1 Dining Hall of Dong Hua University, Hualian, China, arch. Kris Yao and Artech Inc. and Architects Collaborative Inc.

89. Shanghai Museum, Shanghai, China, arch. Xing Tonghe and Teng Dian

90. Barunson Center, Seoul, ROK, arch. Lee Jongho and Yoang Namchui

91. Tokyo Kasai Rinkai Park View–Point Visitors

73. 北京图书馆新馆（中国国家图书馆），北京，中国，建筑师：扬芸，翟宗璠，黄克武

74. 中国银行大厦，香港，中国，建筑师：贝聿铭

75. J&S 大楼，首尔，韩国，建筑师：曹建永

76. 五一竞技场，平壤，朝鲜，建筑师：施坚希，施山河

77. 国家奥林匹克体育中心，北京，中国，建筑师：北京市建筑设计研究院马国馨等

78. 宾珠宝廊，首尔，韩国，建筑师：金洹

79. 宏国大厦，台北，中国，建筑师：李祖原事务所

80. 清华大学图书馆新馆，北京，中国，建筑师：关肇邺，叶茂煦

81. 万国宝通银行大厦，香港，中国，建筑师：许李严设计有限公司

82. 琥珀山庄住宅小区，合肥，中国，建筑师：合肥市城市改造工程指挥部

83. 西汉南越王墓博物馆，广州，中国，建筑师：莫伯治，何镜堂

84. 澳门消防站总部，澳门，中国，建筑师：H. 品托

85. 新梅田大厦，大阪，日本，建筑师：原广司

86. 菊儿胡同新四合院住宅，北京，中国，建筑师：吴良镛等

87. 关西国际机场，大阪，日本，建筑师：皮亚诺，冈部宪明

88. 东华大学餐厅，花莲，中国，建筑师：姚仁喜建筑事务所，协和建筑师事务所

89. 上海博物馆，上海，中国，建筑师：邢同和，滕典

90. 巴伦孙中心，首尔，韩国，建筑师：李中昊，杨男哲

91. 葛西临海公园观景休憩广场，东京，日本，

Center Tokyo, Japan, arch. Yoshio Taniguchi

92. St. Paulo Cathedral Museum, Macau, China, arch. Concorcio MV/Grapes-Joao Luis Carrilho da Graca and Manuel Vicente

93. Multimedia Workshop, Gifu, Japan, arch. Kazuyo Seijima and Ryue Nishizawa

94. Shanghai Municipal Sports Center, Shanghai, China, arch. Wei Dunshan and Wang Dingzeng

95. Hong Kong Convention and Exhibition Center Extension, Hong Kong, China, arch. Wong & Ouyang(HK) Ltd. and Skidmore, Owings & Merrill

96. Nira House, Tokyo, Japan, arch. Terunobu Fujimori

97. Shanghai Grand Theater, Shanghai, China, arch. Jean-Marie Charpentier+ECADI

98. Ardyn Bank, Ulan Bator, Mongolia, arch. Titem Co., Ltd.

99. Building Complex in the Lujiazhui Finance and Trade District of the New Pudong Development Region, Shanghai, China, arch. SUPDI, ECADI, SOM, WZMH et al.

100. Hong Kong International Airport-Passenger Terminal Building, Hong Kong, China, arch. Foster

建筑师：谷口吉生

92. 圣保罗教堂重建工程与博物馆，澳门，中国，建筑师：C. 达·格拉萨，韦先礼

93. 多媒体工作室，东京，日本，建筑师：妹岛和世，西泽立卫

94. 上海体育中心，上海，中国，建筑师：魏敦山（体育场、游泳馆），汪定曾（体育馆）

95. 香港会议展览中心扩建工程，香港，中国，建筑师：王欧阳建筑事务所，SOM 建筑事务所

96. 韭菜住宅，东京，日本，建筑师：藤森照信

97. 上海大剧院，上海，中国，建筑师：法国夏邦杰建筑师事务所，华东建筑设计研究院

98. 蒙古人民银行，乌兰巴托，蒙古，建筑师："Titem" 有限公司（主持建筑师：G. 巴苏赫）

99. 陆家嘴金融贸易区建筑群，上海，中国，建筑师：上海市城市规划设计研究院，华东建筑设计研究院，上海建筑设计研究院，SOM 建筑事务所，WZMH 建筑事务所等

100. 香港国际机场旅客候机楼，香港，中国，建筑师：N. 福斯特

后 记

　　本丛书是中国建筑学会为配合1999年在中国北京举行第20次世界建筑师大会而编辑，聘请美国哥伦比亚大学建筑系教授K.弗兰姆普敦为总主编，中国建筑学会副理事长张钦楠为副总主编，按全球"十区五期千项"的原则聘请12位国际知名建筑专家为各卷编辑以及80余名各国建筑师为各卷评论员，通过投票程序选出20世纪全球有代表性的建筑1000项，以图文结合的方式分别介绍。每卷由本卷编辑撰写综合评论，评述本地区建筑在20世纪的演变与成就，并由评论员分工对所选项目各作几百字的单项文字评述，与精选图照配合。中国方面聘请关肇邺、郑时龄、刘开济、罗小未、张祖刚、吴耀东等为编委配合编成。

　　中国建筑工业出版社于1999年对此项目在人力、财力、物力方面积极投入，以王伯扬、张惠珍、董苏华、黄居正等编辑负责，与奥地利斯普林格出版社紧密合作，共同出版了中文、英文的十卷本精装版。丛书首版面世后，曾获得国际建筑师协会（UIA）届米建筑理论和教育荣誉奖、国际建筑评论家协会（CICA）荣誉奖以及我国全国科技一等奖和中国出版政府奖提名奖。

国际建筑评论家协会（CICA）对本丛书的评论是："这部十卷本的作品是对全世界当代建筑的范围广阔的研究，把大量的实例收集在一起。由中国建筑学会发起，很多人提供了评论文字。它提供了一项可持久的记录，并以其多样性、质量、全面性受到嘉奖。这确实是一项给人印象深刻的成就。"

按照原协议及计划，这套丛书在精装本出版后，将继续出版普及的平装本，但由于各种客观原因，未能实现。

众所周知，20世纪世界建筑发生了由传统转为现代的巨大改变，其历史意义远超过了一个世纪的历史记录，生活·读书·新知三联书店有鉴于本丛书的持久文化价值，决定出版中文普及版。此次中文普及版，是在尊重原版的基础上，做了适当的加工与修订，但原"十区"名称中有个别与现今名称不同，保留原貌，以呈现历史真实。此次全面修订出版时，原书名《20世纪世界建筑精品集锦》改为《20世纪世界建筑精品1000件》。希以更好的面目供我国建筑师、建筑学界的师生、广大文化界人士来阅读、保存与参考。

2019年8月29日

图书在版编目（CIP）数据

20 世纪世界建筑精品 1000 件. 第 9 卷，东亚／（美）K. 弗兰姆普敦总主编；关肇邺，吴耀东本卷主编；吴耀东等译. —北京：生活·读书·新知三联书店，2020.9
ISBN 978 - 7 - 108 - 06783 - 8

Ⅰ. ① 2… Ⅱ. ① K… ②关… ③吴… Ⅲ. ①建筑设计－作品集－世界－现代
Ⅳ. ① TU206

中国版本图书馆 CIP 数据核字（2020）第 139464 号

责任编辑　唐明星
装帧设计　刘　洋
责任校对　张国荣　曹忠苓
责任印制　宋　家
出版发行　生活·讀書·新知 三联书店
　　　　　（北京市东城区美术馆东街 22 号 100010）
网　　址　www.sdxjpc.com
经　　销　新华书店
印　　刷　北京图文天地制版印刷有限公司
版　　次　2020 年 9 月北京第 1 版
　　　　　2020 年 9 月北京第 1 次印刷
开　　本　720 毫米×1000 毫米　1/16　印张 24.25
字　　数　110 千字　图 518 幅
印　　数　0,001－3,000 册
定　　价　178.00 元
（印装查询：01064002715；邮购查询：01084010542）